Java编程 新手速成

从入门到应用

贺 建◎主编

CNS K 湖南科学技术出版社 · 长沙

图书在版编目（CIP）数据

Java编程新手速成：从入门到应用 / 贺建主编. — 长沙：湖南科学技术出版社，2024.1
ISBN 978-7-5710-2565-6

Ⅰ. ①J… Ⅱ. ①贺… Ⅲ. ①JAVA语言—程序设计 Ⅳ. ①TP312.8

中国国家版本馆CIP数据核字（2023）第248433号

Java BIANCHENG XINSHOU SUCHENG CONG RUMEN DAO YINGYONG
Java编程新手速成　从入门到应用

主　　编：贺　建
出 版 人：潘晓山
责任编辑：杨　林
出版发行：湖南科学技术出版社
社　　址：湖南省长沙市开福区芙蓉中路一段416号泊富国际金融中心40楼
网　　址：http://www.hnstp.com
印　　刷：唐山楠萍印务有限公司
（印装质量问题请直接与本厂联系）
厂　　址：唐山市芦台经济开发区场部
邮　　编：063000
版　　次：2024年1月第1版
印　　次：2024年1月第1次印刷
开　　本：710mm×1000mm　1/16
印　　张：15
字　　数：270千字
书　　号：ISBN 978-7-5710-2565-6
定　　价：59.00元

前言 PREFACE

Java 作为最主流的面向对象编程语言，已经成为网络环境下软件开发的首选之一。通过把软件系统抽象成各种对象的集合来模拟客观存在的事物，不仅使人们更好地理解问题，也为相关程序开发人员节省了更多的时间和精力。其简单性、稳健性、跨平台性等特性受到了众多程序开发人员的青睐。

《Java 编程新手速成 从入门到应用》一书通过简洁的语言和丰富的实例清晰地讲解了 Java 相关的知识，便于程序开发人员对其基本语法、规则以及面向过程和面向对象的编程思想有一个基本的了解与掌握。

本书详细介绍了 Java 编程语言中的基本知识、重点知识以及异常处理等，并通过大量实例讲解，使读者能够快速将所学知识应用到实际工作中。

本书主要侧重于 Java 编程语言的基本技能的速成，每项操作的执行都有详细的代码描述，同时辅以插图和示例进行讲解。读者可以跟随本书的讲解，在计算机上亲自操作，无需太多的时间或零基础就能迅速地学以致用。本书力求使学习变得简明生动，让读者在轻松愉快的学习氛围中掌握 Java 编程语言的使用技巧。

本书以实用性、典型性、便捷性为编写宗旨，尽可能介绍了 Java 编程语言中基础、普遍、重要的操作步骤及技巧，本书的特点包括：

◆ 循序渐进，稳中求进

本书的内容由浅入深，示例代码也是由简到繁，符合初学者的学习认知规律。通过足够的基础知识作为铺垫，可以使每位读者对 Java 编程语言有较为深入的了解，为以后真正精通 Java 编程语言打下良好的基础。

◆ 内容全面，知识丰富

本书以 Java 平台中主流的 JDK8 为编程环境，以 Eclipse 为编程开发工具，对编程的相关技能进行了详细的讲解，内容全面，知识丰富，以期帮助读者达到最佳的学习效果。

◆ 实用案例，即学即用

本书不仅注重基础知识的讲解，还搭配了大量的操作示例。通过对示例清晰、全面地讲解，让读者快速掌握 Java 编程语言基础的学习，从而将其应用到实际工作中。

希望本书能够成为读者学习 Java 编程的良师益友，为读者在工作中提供便利，帮助读者在职场中取得更加出色的表现。相信通过学习本书，读者不仅可以快速掌握 Java 编程语言的基本使用操作，还能领悟出一些技巧和窍门，最终找到适合自己的程序设计方法，提高工作效率和质量，促进个人的职业发展。

在本书编写过程中，笔者尽力保证内容的准确性和全面性，但由于笔者水平有限以及时间限制，难免存在一些不足之处。因此，非常希望读者能够提出宝贵的意见和建议，帮助笔者不断改进和完善本书，以便更好地满足读者的需求。同时，笔者也会认真倾听读者的反馈意见，不断改进和升级本书的内容和质量，让读者获得更好的学习体验和使用效果。

目　录

CONTENTS

第4章 字符串

第5章 数组

第6章 集合框架

第7章 面向对象

第8章 抽象类、接口与内部类

第9章 异常与异常处理

第10章 输入/输出流与文件

第11章 多线程

Chapter

01

第 1 章 Java概述

导读 ▷

在目前的编程市场中，Java语言是最主流也是最具市场份额的一种编程语言，大到互联网的应用，小到移动嵌入式的开发，都有它的使用痕迹。本章主要介绍Java的诞生与发展、开发环境和基础语法。通过本章的学习，读者可以对Java有一定的认识和了解。

学习要点：★了解Java的诞生与发展及其特点

★了解Java开发环境的安装和配置

★掌握Java的基础语法

1.1 认识Java

Java 编程语言是 Sun Microsystems（简称 Sun 公司）开发的一种面向对象的程序设计语言，跨平台性是其重要特性，尤其适用于网络编程。

1.1.1 Java的诞生与发展

1990 年 12 月，隶属于 Sun 公司的工程师帕特里克·诺顿（Patrick Norton）拿到了一个名叫 Stealth 的研究项目，后来，这个项目又被命名为 Green，也是在那个时候，后来被称为“Java 之父”的詹姆斯·高斯林(James Gosling）也加入了这个项目。

在项目持续推进的过程中，该公司认为家电领域将是未来科技广泛应用的领域，所以 Green 的新目标开始朝着智能家用电器程序开发技术方向发展。但这个团队的成员都认为 C 语言及其 API 并不能完全满足该项目的要求，所以詹姆斯·高斯林尝试对 C 语言的功能进行修改和扩充，并研发出了一种全新的编程语言——Oak。1992 年，Green 项目又开始以电视机顶盒为目标市场，但因市场环境等诸多因素的影响，最终并未取得任何商业效益。

1994 年，万维网开始蓬勃发展，而 Java 语言具有天生的平台独立性，十分适用于网络编程，于是 Sun 公司又开始朝互联网方向发展，也是在这时，Oak 语言被命名为 Java 语言，在命名的同时也一同公布了 1.0 alpha 版本的下载路径。Java 语言的首次公开发布在次年 3 月的 Sun World 大会上，这次公开发布也得到了主流浏览器的肯定。1996 年，Sun 公司成立了专门从事 Java 技术研究和开发的业务部门。

之后，编程界在使用 Java 语言的时候，逐渐发现该语言还有很多的不足之处，尽管 Sun 公司已经对这门语言进行了改进和更新，并推出了 Java1.1 的最新版。1998 年，基于对前一版本的根本性改进，J2SE 的原始版本 Java1.2 版本被发布，后来发布的所有版本都是以 Java1.2 为基础的。后来，从 Java1.5 开始，版本号名称去掉了“1.”，改为 Java5。截至 2023 年，

Java20 是最新版本。

1.1.2 Java的特点

Java 的特点如下：

◆简单性：Java 不需要高级的硬件设施，即使在小型计算机上也能很好地工作。另外，它摒弃了 C++ 中很少使用的、难以理解的特性，如操作符重载、多继承、自动强制类型转换等。并且，Java 还提供了一种垃圾回收机制，使得程序员不必再为内存管理而担忧。

◆跨平台性：相较于其他传统编程语言来说，Java 最大的优点就是不依赖于程序的运行平台。Java 源程序 (*.java) 通过编译就能生成被 JVM（Java 虚拟机）识别和执行的字节码文件 (*.class)，这使 Java 程序在任何支持 JVM 的平台都能被运行。当平台操作系统或处理器变化或升级时，不用对程序进行修改，就能实现“一次写成，处处运行”的设计目标。

◆面向对象：Java 是使用类作为模板的一种面向对象的语言。Java 支持类之间的单继承和接口之间的多继承，也支持类与接口之间的实现机制，因此，它是一门纯粹的面向对象的程序设计语言。

◆解释型：使用 C 和 C++ 等语言编写的应用程序，在运行之前，需要根据当前计算机的操作系统和 CPU 来对其进行编译，在编译之后，会产生与该计算机相对应的二进制可执行代码文件。然而，当 Java 应用程序被编译时，所产生的字节码文件就会在 JVM 中以解释方式被使用，这使得 Java 程序具有更强的适应性和移植性。

◆安全性：当应用程序运行时，Java 会对它的数据存取权限进行严格的审查，以防止在程序运行时因类型不匹配而导致运行异常的发生，从而增强 Java 的安全性能。

◆健壮性：Java 语言中的强类型、异常处理、垃圾回收等机制保证了 Java 程序的健壮性。除此之外，Java 的安全性检验机制在确保其程序的健壮性方面也起到了很大的作用。

1.2 Java开发环境的安装和配置

JDK 称为 Java 开发包或 Java 开发工具，是 Sun 公司提供的一组 Java 开发环境，由 Java 语言编译器、Java 字节码解释器、Java 打包工具等组成。除此之外，JRE 是 Java 的运行环境，它不包括 Java 编译工具，只包括一个 Java 运行工具。下面主要讲 JDK 的安装和配置。

1.2.1 JDK的下载与安装

在进行任何 Java 开发之前，我们都要先在电脑上下载、安装 JDK。这里以下载 JDK18 为例进行讲解。

1.下载JDK安装文件

可以直接进入 Oracle 官网，下载 JDK 安装文件（需下载的安装文件视计算机操作系统而定），如图 1–1 所示。

Java SE Development Kit 18.0.2.1

This software is licensed under the Oracle No-Fee Terms and Conditions License.

Product / File Description	File Size	Download
Linux Arm 64 Compressed Archive	172.70 MB	https://download.oracle.com/java/18/archive/jdk-18.0.2.1_linux-aarch64_bin.tar.gz (sha256)
Linux Arm 64 RPM Package	154.18 MB	https://download.oracle.com/java/18/archive/jdk-18.0.2.1_linux-aarch64_bin.rpm (sha256)
Linux x64 Compressed Archive	173.85 MB	https://download.oracle.com/java/18/archive/jdk-18.0.2.1_linux-x64_bin.tar.gz (sha256)
Linux x64 Debian Package	149.19 MB	https://download.oracle.com/java/18/archive/jdk-18.0.2.1_linux-x64_bin.deb (sha256)
Linux x64 RPM Package	155.75 MB	https://download.oracle.com/java/18/archive/jdk-18.0.2.1_linux-x64_bin.rpm (sha256)
macOS Arm 64 Compressed Archive	168.42 MB	https://download.oracle.com/java/18/archive/jdk-18.0.2.1_macos-aarch64_bin.tar.gz (sha256)
macOS 64 DMG Installer	167.78 MB	https://download.oracle.com/java/18/archive/jdk-18.0.2.1_macos-aarch64_bin.dmg (sha256)
macOS x64 Compressed Archive	170.48 MB	https://download.oracle.com/java/18/archive/jdk-18.0.2.1_macos-x64_bin.tar.gz (sha256)
macOS x64 DMG Installer	169.86 MB	https://download.oracle.com/java/18/archive/jdk-18.0.2.1_macos-x64_bin.dmg (sha256)
Windows x64 Compressed Archive	172.93 MB	https://download.oracle.com/java/18/archive/jdk-18.0.2.1_windows-x64_bin.zip (sha256)
Windows x64 Installer	153.45 MB	https://download.oracle.com/java/18/archive/jdk-18.0.2.1_windows-x64_bin.exe (sha256)
Windows x64 msi Installer	152.33 MB	https://download.oracle.com/java/18/archive/jdk-18.0.2.1_windows-x64_bin.msi (sha256)

图 1–1

2.安装JDK

安装 JDK 的操作步骤如下:

1 下载完成后，双击下载的.exe文件，开始进入JDK安装界面，单击【下一步】按钮，如图1–2所示。

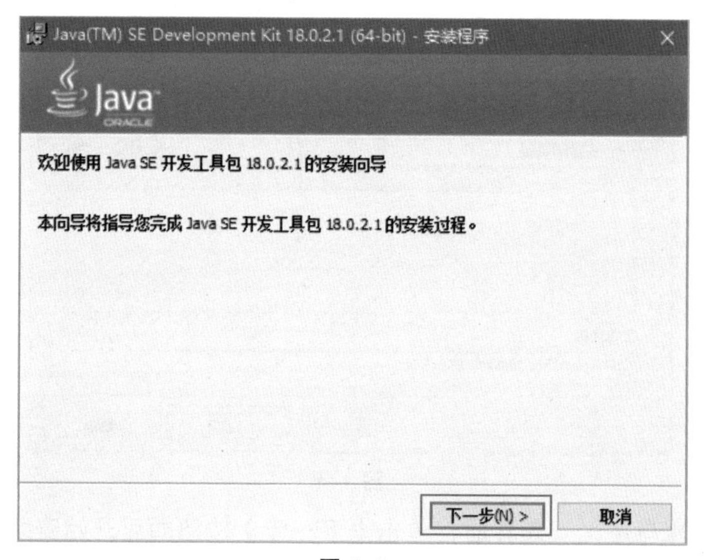

图 1–2

2 进入JDK自定义安装界面，单击界面右侧的【更改】按钮，如图1–3所示。

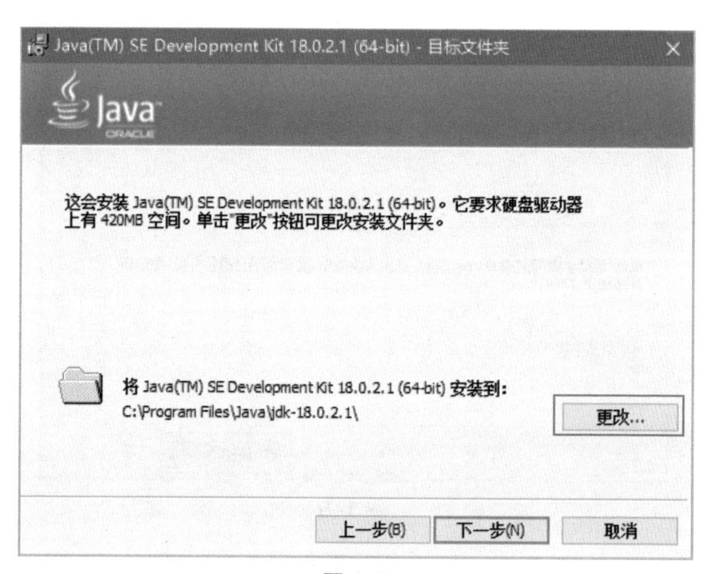

图 1–3

3 弹出【更改文件夹】对话框，安装路径选择完成后，单击【确定】按钮，如图1–4所示。如果选择默认安装目录，可以在上一步中直接单击【下一步】按钮开始安装。

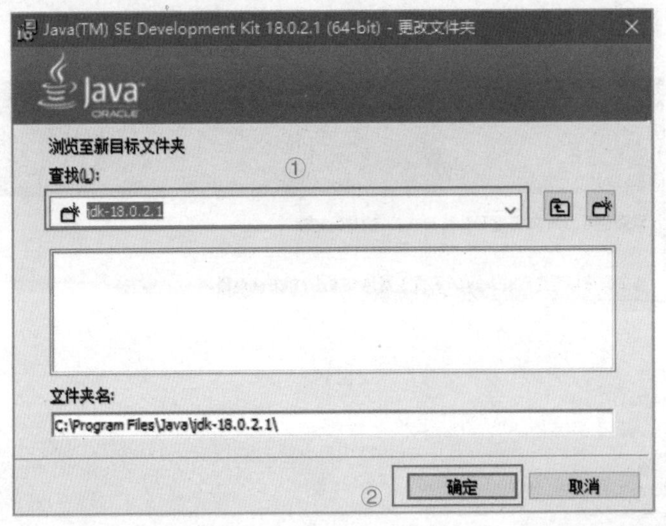

图 1–4

4 返回JDK自定义安装界面，单击【下一步】按钮即可开始安装。

5 安装完成后，弹出安装完成界面，单击【关闭】按钮即可，如图1–5所示。

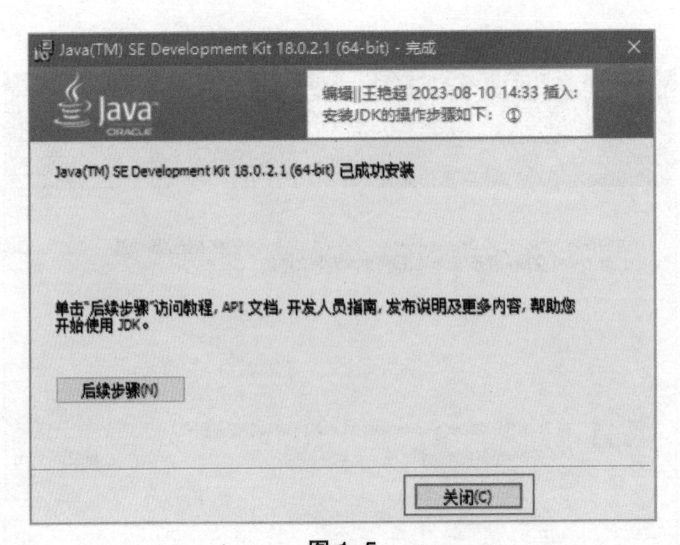

图 1–5

1.2.2 JDK的配置

当使用命令行或用记事本等软件编写和运行 Java 程序时，需要手动配置一些 Windows 的环境变量，而用 Eclipse 等工具软件编写和运行 Java 程序时，则不需要配置 Windows 的环境变量。需要设定的环境变量有 JAVA_HOME、classpath 和 path。

◆ JAVA_HOME：用于指示 JDK 的安装目录。

◆ classpath：用于指示 Java 运行中需要载入的类的路径。

◆ path：为了能够在命令行的任何工作路径下执行 Java 命令。

接下来将以 Windows10 为例来解释 JDK 的环境配置，操作步骤如下：

1 鼠标右键单击【此电脑】图标，在弹出的快捷菜单中选择【属性】命令，如图1–6所示。

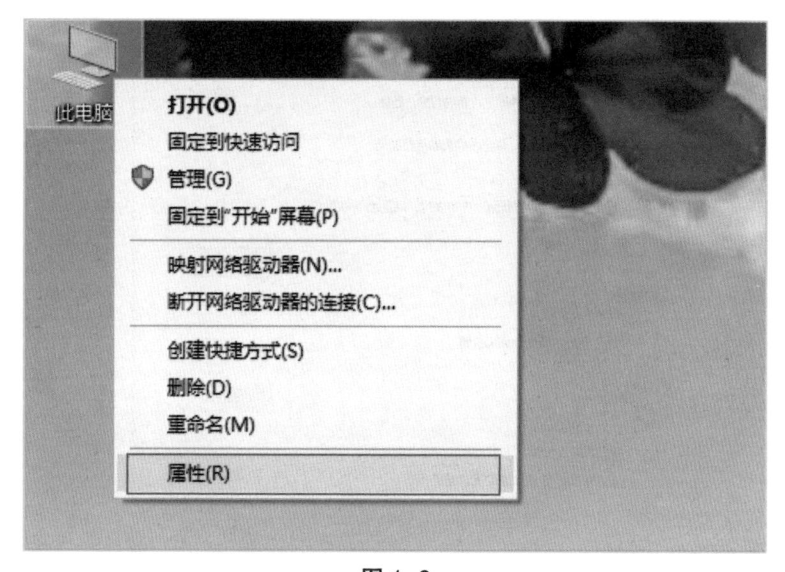

图 1–6

2 在弹出的界面中，单击左侧的【高级系统设置】选项，如图1–7所示。

3 弹出【系统属性】对话框，选择【高级】选项卡，单击【环境变量】按钮，如图1–8所示。

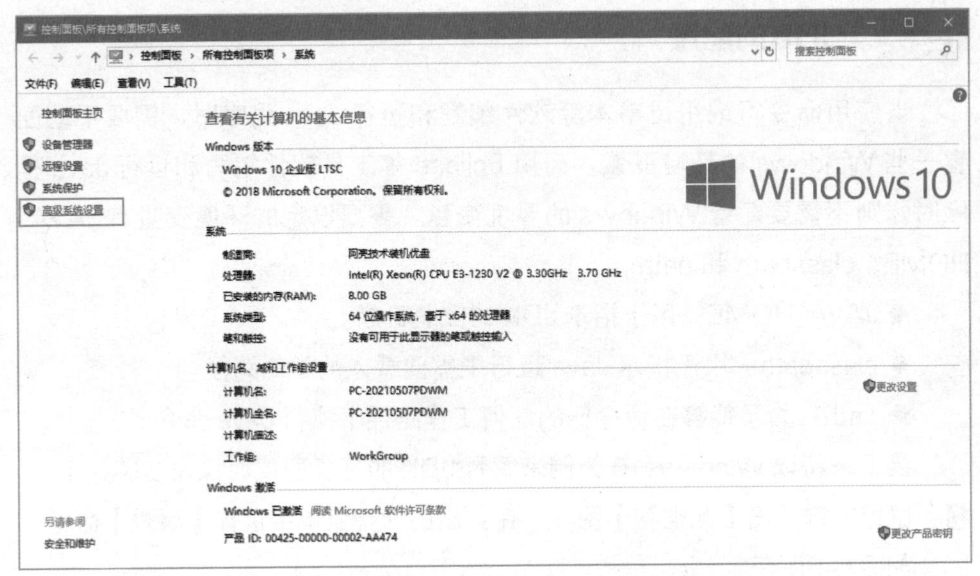

图 1–7

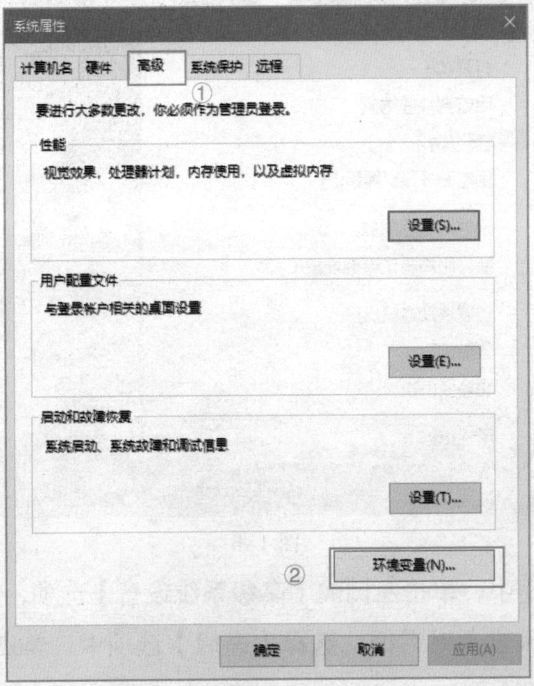

系统属性

计算机名 硬件 高级 系统保护 远程

①

要进行大多数更改，你必须作为管理员登录。

性能

视觉效果，处理器计划，内存使用，以及虚拟内存

设置(S)...

用户配置文件

与登录帐户相关的桌面设置

设置(E)...

启动和故障恢复

系统启动、系统故障和调试信息

设置(T)...

② 环境变量(N)...

确定 取消 应用(A)

图 1–8

4 在弹出的【环境变量】对话框中，分别列出了【用户变量】和【系统变量】，单击【系统变量】下方的【新建】按钮，如图1–9所示。

图 1–9

5 弹出【新建系统变量】对话框，将【变量名】设定为“JAVA_HOME”，【变量值】设定为JDK的安装目录，单击【确定】按钮，以完成对JAVA_HOME的变量配置，如图1–10所示。“C:\Program Files\Java\jdk–18.0.2.1”是本书的JDK安装目录。

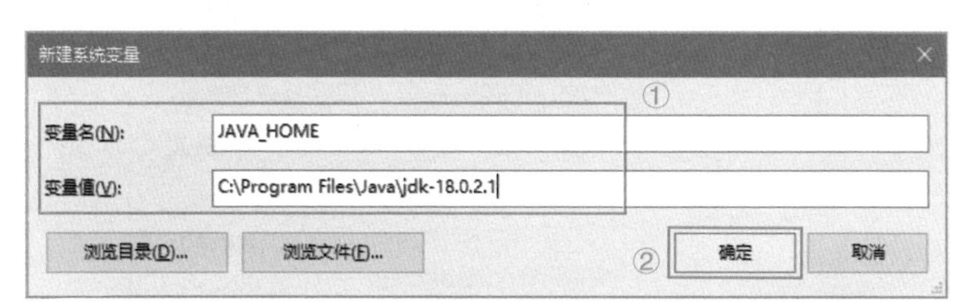

图 1–10

6 返回【环境变量】对话框，选中【系统变量】框中名为“path”的变量，单击下方的【编辑】按钮，如图1–11所示。

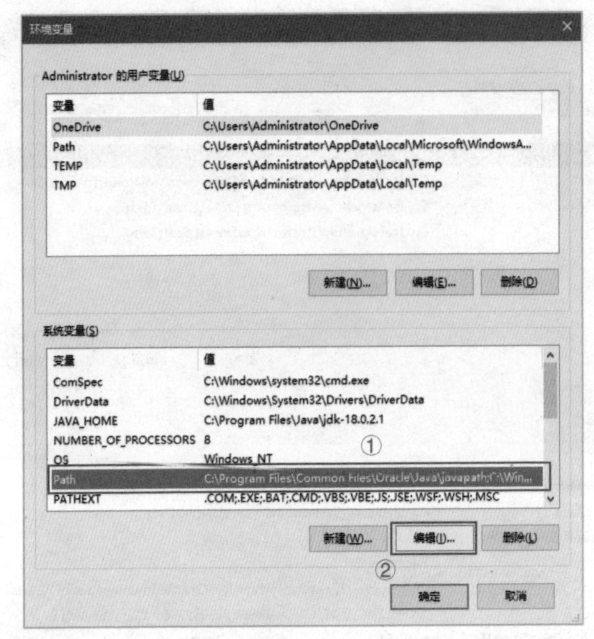

图 1-11

7 弹出【编辑环境变量】对话框，在不改变其值的情况下，将字符串“%JAVA_HOME%\bin；”插入到最前面，单击【确定】按钮，如图1-12所示。

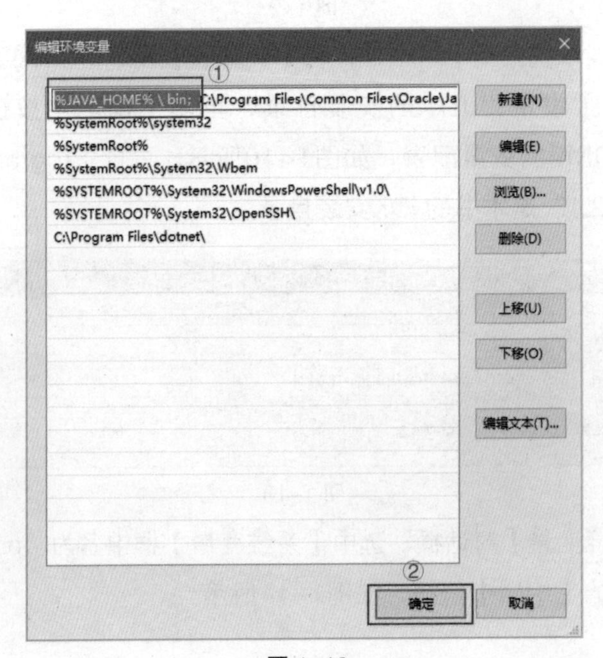

图 1-12

8 返回【环境变量】对话框，再次单击下方的【新建】按钮，如图1-13所示。

图 1-13

9 弹出【新建系统变量】对话框，【变量名】设定为“classpath”，【变量值】设定为“.”，表示当前目录，单击【确定】按钮，如图1-14所示，即可保存对classpath的变量设置。最后连续单击【确定】按钮即可。

新建系统变量
①
变量名(N): classpath
变量值(V): .
浏览目录(D)... 浏览文件(F)... ② 确定 取消

图 1-14

1.2.3 JDK的目录结构

在安装好 JDK 后，硬盘会自动生成一个安装目录，以下内容将对 JDK 的安装目录进行简单介绍。

◆ bin：包含若干用于编译、运行和调试 Java 程序的命令工具，它们实际上是一些可执行程序，经常用到的有 Javac.exe（Java 编译器）、Java.exe（Java 运行工具）和 jar.exe（打包工具）等。

◆ db：包括一个小型的数据库 Java DB。在 JDK6.0 之后，新增了一个成员 Java DB，它是一个纯 Java 实现、开源的数据库管理系统，它支持 JDBC4.0 全部规则，因此，程序员可以很轻松地安装和配置数据库，并直接使用 Java DB。

◆ include：JDK 是通过 C 语言和 C++ 实现的，所以，在 JDK 启动时，要导入一些头文件，而该目录的作用就是储存 C 语言的头文件。

◆ jre：JDK 专用 JRE 的根目录，包含运行时的类包、Java 虚拟机、Java 应用启动器及一个 bin 目录。

◆ lib：library 的简称，主要用来存储 Java 类库或者库文件。

◆ src.zip：这个压缩文件包含 Java 的全部核心类库的源代码。

1.3 Java的基础语法

Java 的基础语法是编写程序的基础，主要包括标识符和关键字。下面就来了解一下标识符和关键字。

1.3.1 标识符

标识符是用来标识类名、变量名、对象名、方法名、类型名、数组名、方法名的有效字符序列。简单来说，标识符就是名字。

在 Java 语言中，标识符一般由字母、数字和美元符号 ($) 组成。需要注意的是，标识符的第一个字符可以是字母或者美元符号，但不能是数字。以下是一些符合语法规则的标识符。

```
Chongqin$
D3Tf
Two
$80.22
```

以下几点语法规则可以规范标识符的命名。

（1）标识符的命名可以包含数字符号，但不能将数字符号放在开头，如 6hours。

（2）标识符中能出现美元字符 $，但不能包含 @、# 等特殊字符，如 meng@163.com。

（3）标识符的命名不能包含语法规则以外的字符，如 She's。

（4）标识符中不能出现空格。

（5）标识符是严格区分大小写的，大写和小写将会被判定为两个不同的标识符。

（6）在编码规范中，一般不推荐使用美元符号，它是很容易产生混淆的符号。

1.3.2 关键字

在 Java 语言中，有一些被系统保留使用的标识符被称为关键字，这些关键字不能作为一般的标识符使用，只能被 Java 系统使用。例如，在 first.java 中，public 就是一个关键字。以下列出了 Java 中所有的关键字，如表 1-1 所示。

表 1-1

abstract	boolean	break	byte	case	catch	char	class	const	continue
default	do	double	else	extends	final	finally	float	for	goto

续表

if	implements	import	instanceof	int	interface	long	nafive	new	package
private	protected	public	return	short	static	strictfp	super	switch	synchronized
this	throw	throws	transient	try	void	volatile	while	assert	

值得注意的是，true、false 和 null 在 Java 语言中不属于关键字，它们虽然是 Java 语言中的特殊字符，但不能被用来命名标识符，它们被称为保留字（reserved word）。所谓保留字，是 Java 为后续版本预留的关键字，它们虽然暂时不是关键字，但在以后的升级版本中有可能成为正式的关键字，表中的 goto 和 const 也是两个保留字。

Chapter

02

第 2 章

Java的数据类型与运算符

要想学习一门编程语言，就需要了解其特有的数据类型。本章主要介绍了Java的四种数据类型、变量和常量以及六种运算符。通过学习本章，读者可以快速掌握Java的数据类型和运算符。

学习要点：★了解Java的基本数据类型

★了解变量和常量

★了解运算符和运算表达式

2.1 基本数据类型

Java 提供了八种基本数据类型，这八种基本数据类型也被称为八大原始数据类型。程序中的各种引用数据类型均由这八种基本数据类型组成。根据数据属性对基本数据类型进行分类，最终可以得到六种数字类型（四种整型、两种浮点型）、一种字符型和一种布尔型。

2.1.1 整型

在 Java 语法中，被称为整型的变量或者常量只能用来存放整数，但系统分配给不同类型的空间大小不一样，因此不同类型的数据所能保存的数值大小也是不同的。整型数字类型包括字节型（byte）、短整型（short）、整型（int）、长整型（long）四种基本数据类型。

1.字节型数据

字节型数据类型语法规则说明如下：

（1）声明关键字：byte。

（2）类型长度：1 个字节（8 位）。

（3）范围：$-2^7 \sim 2^7-1$，即 −128 ~ 127。

（4）声明格式：byte+ 变量名称。

以下为字节型数据的示例和相关说明：

```
1 byte a = 10      // 正确声明
2 byte b = 128     // 错误声明，byte 类型数据值不能大于 127
3 byte c = −50     // 正确声明
4 byte d = −129    // 错误声明，byte 类型数据值不能小于 −128
```

2.短整型数据

短整型数据类型语法规则说明如下：

（1）声明关键字：short。

（2）类型长度：2 个字节（16 位）。

（3）范围：$-2^{15} \sim 2^{15}-1$，即 –32 768 ~ –32 767。

（4）声明格式：short+ 变量名称。

以下是短整型数据的示例和相关说明：

```
1 short a = 3000      // 正确声明
2 short b = 45000     // 错误声明，byte 类型数据值不能大于 32 767
3 short c = –3000     // 正确声明
4 short d = –50000 // 错误声明，byte 类型数据值不能小于 –32 768
```

3.整型数据

整型数据类型语法规则说明如下：

（1）声明关键字：int。

（2）类型长度：4 个字节（32 位）。

（3）范围：$-2^{31} \sim 2^{31}-1$，即 –2 147 483 648 ~ 2 147 483 647。

（4）声明格式：int+ 变量名称。

以下是整型数据的示例和相关说明：

```
1 int a = 1000        // 正确声明
2 int b = 20000       // 正确声明
3 int c = –5000       // 正确声明
```

4.长整型数据

长整型数据类型语法规则说明如下：

（1）声明关键字：long。

（2）类型长度：8 个字节（64 位）。

（3）范围：$-2^{63} \sim 2^{63}-1$，即 –9 223 372 036 854 775 808 ~ 9 223 372 036 854 775 807。

（4）声明格式：long+ 变量名称。

（5）表示形式：数值后面带大写“L”或小写“l”。

以下是长整型数据的示例和相关说明：

```
1 long a = 3000              // 正确声明，3000 为 int 类型，能自动转为 long 类型
2 long b = -1000             // 正确声明，-1000 为 int 类型，能自动转为 long 类型
3 long c = 2147483700        // 错误声明，2147483700 值超出 int 范围，无法赋值
4 long d = 92000L            // 正确声明，92000L 为 long 类型数值
5 long e = 2147483700L       // 正确声明，2147483700L 为 long 类型数值
```

2.1.2 浮点型

浮点型数据主要用来存储小数，不同类型的数据取值范围不一样，则字节长度也不一样。浮点型数字类型包括单精度浮点型（float）和双粉度浮点型（double）两种数据类型。

1.单精度浮点数

单精度浮点数类型语法规则说明如下：

（1）声明关键字：float。

（2）类型长度：4 个字节（32 位）。

（3）范围：-3.40282E+38 ~ +3.40282E+38。

（4）最大精度：小数点后 7 位。

（5）声明格式：float+ 变量名称。

（6）表示形式：数值后面带大写“F”或小写“f”。

以下是单精度浮点数类型数据的示例和相关说明：

```
1 float f1 = 15.18f          // 正确声明
2 float f2 = 500.263         // 错误声明，500.263 不是单精度浮点数
3 float f3 = -216.73f        // 正确声明
4 float f4 = -2160.33        // 错误声明，-2160.33 不是单精度浮点数
```

2.双精度浮点数

双精度浮点数类型语法规则说明如下：

（1）声明关键字：double。

（2）类型长度：8 个字节（64 位）。

（3）范围：–1.79769E+308 ~ +1.79769E+308。

（4）最大精度：小数点后 16 位。

（5）声明格式：double + 变量名称。

（6）表示形式：数值后面带大写“D”或小写“d”。

（7）默认类型：无后缀时默认类型为双精度浮点数。

以下是双精度浮点数类型数据的示例和相关说明：

```
1  double d1 = 30.470d          // 正确声明
2  double d2 = 870.86055        // 正确声明，870.86055 默认为双精度
浮点数
3  double d3 = –43.90f          // 正确声明，单精度会自动转为双精度
浮点数
4  double d4 = –4601.491        // 正确声明，–4601.491 默认为双精度
浮点数
```

2.1.3 字符型

字符型数据类型与字符串类型（多字符集合）不同，它常常用来储存单个字符。字符型数据必须在英文单引号之内，系统会为它分配 2 个字节 16 位的空间。

字符型数据不仅能存储普通字符，还可以存储一些特殊的字符，如能够控制字行的字符，如回车符、换行符等，但是，想要输入这类字符，就要用到转义字符常量“\”来引导，如“\f”代表换页、“\v”代表竖向跳格、“\t”代表横向跳格、“\b”代表退格。

除此之外，字符型数据还可以储存数值，这些数值指的是操作系统 ASCII 编码中编码值所对应的某个字符，而不是数学运算产生的数值。

字符型语法规则说明如下：

（1）声明关键字：char。

（2）类型长度：2 个字节（16 位）。

（3）声明格式：char+ 变量名称。

以下是字符型数据的示例和相关说明：

```
1  char ch1 = 'B';              // 正确声明
2  char ch2 = "Name";           // 错误声明，"Name" 不是字符型，而是字
符串类型
3  char ch3 = 86;               // 正确声明，字母 V 的 ASCII 编码值
4  char ch4 ='\t';              // 正确声明，特殊字符表示制表符
5  char ch5 = ' 好 ';           // 正确声明，可存储中文字符
```

2.1.4 布尔型

布尔型也被称为逻辑型，用来表示是与非、真与假，主要应用在逻辑运算情形中。它只有两种值：true 和 false，用来表示两种状态。true 表示的是正面、肯定的结论，false 则反之。

在计算机底层，布尔逻辑值 true 与 false 可以直接用 1 和 0 来表达，因此，只需要占 1 位就可存储相关值，但在计算机系统中，最小的存储单位是字节 (byte)，1 个字节有 8 位 (bit)，所以即便布尔值有两个，也要占据 1 个字节的空间。

布尔型语法规则说明如下：

（1）声明关键字：boolean。

（2）类型长度：1 个字节（8 位）。

（3）范围：true、false。

（4）声明格式：boolean+ 变量名称。

以下是布尔型数据的示例和相关说明：

```
1  boolean b1 = TRUE          // 错误声明，区分大小写，TRUE 不同于
true
2  boolean b2 = true          // 正确声明
3  boolean b3 = false         // 正确声明
4  boolean b4 = "false"       // 错误声明，不能用引号引住，引住则是
字符串
```

2.2 变量与常量

量是信息传输的媒介，在信息传输中起到了至关重要的作用。在 Java 语言中，量可以保持恒定或可变。根据可变与否，Java 语言中的量可以划分为两种：变量和常量。在本节中，我们将会对 Java 语言中的变量和常量做详尽的说明。

2.2.1 变量

变量是指在程序运行期间其值能被修改的量。对计算机来说，变量代表一个存储地址，并且它的值可以在程序的任何地方被动态地改变。在实际开发中，为了便于操作，这个存储空间也被称为变量名。存储空间内的变量不一定有值，如果想要变量有值，就必须先放入一个值。因此，在数据类型中，变量都会有一个默认值，如 byte 数据变量的默认值是 0，char 数据变量的默认值是 null。

在 Java 语言中，声明变量的基本格式如下：

```
typeSpencifier varName=value;
```

◆ typeSpencifier：与常量相同，它是 Java 中所有合法的数据类型。

◆ varName：变量名，value 的值可有可无，也可以对其进行动态初始化。

在 Java 中有两种变量，一是局部变量，二是全局变量，具体说明如下。

1.局部变量

局部变量只适用于某一方法块或某一函数，如果超出了该范围，局部变量就不存在了。从这一点就可以看出，在编程过程中，变量是可以随时更改的，并且随时都在进行数据传输。

【例 2.1】用变量计算三角形和正方形的面积。

具体代码如下：

```
1 /**
2  * 计算面积
3  */
4 public static void main(String[] args) {
5     // 赋值 a1 和 b1
6     int a1 = 2, b1 = 4;
7     // 长方形面积公式
8     int s1 = a1 * b1;
9
10    // 输出结果 8
11    System.out.println(" 长方形的面积为：" + s1);
12
13    // 计算正方形面积
14    double a0 = 2;                    // 赋值 a0
15    double s0 = a0 * a0;              // 正方形面积公式
16
17    // 输出结果
18    System.out.println(" 正方形面积为：" + s0);
19 }
```

说明：

第 6 行和第 8 行定义两个 int 类型变量 a1 和 b1 并赋值，设置变量 s1 的值是 a1 乘以 b1。

第 11 行和第 18 行分别使用 println() 函数打印输出变量 s1 和 s0 的值。

第 14 行和第 15 行分别定义两个 double 类型的变量 a0 和 s0 并赋值，设置 s0 的值是 a0 的平方。

运行结果：

```
长方形的面积为：8
正方形面积为：4.0
```

2.全局变量

了解了局部变量之后，对全局变量的了解也就容易多了，实际上，它是一个影响范围比局部变量大的变量，可以影响到整个程序。

【例 2.2】输出设置的变量值。

具体代码如下：

```
1  public class VariableClazz {
2      byte x;                    // 定义变量 x
3      short y;                   // 定义变量 y
4      int z;                     // 定义变量 z
5      long a;                    // 定义变量 a
6      float b;                   // 定义变量 b
7      double c;                  // 定义变量 c
8      char d;                    // 定义变量 d
9      boolean e;                 // 定义变量 e
10
11     /**
12      * 设置 z1 的值，并分别输出 x、y、z、a、b、c、d、e 的值
13      *
14      * @param args
15      */
16     public static void main(String[] args) {
17         // 给 z1 赋值
18         int z1 = 216;
19         System.out.println(" 变量 z = " + z1);
20
21         // 实例化对象
22         VariableClazz m = new VariableClazz();
23
24         // 输出变量数据
```

```
25          System.out.println(" 变量 x = " + m.x);
26          System.out.println(" 变量 y = " + m.y);
27          System.out.println(" 变量 z = " + m.z);
28          System.out.println(" 变量 a = " + m.a);
29          System.out.println(" 变量 b = " + m.b);
30          System.out.println(" 变量 c = " + m.c);
31          System.out.println(" 变量 d = " + m.d);
32          System.out.println(" 变量 e = " + m.e);
33     }
34 }
```

说明:

在上述实例代码中，全局变量会影响到该程序，但局部变量能够在任何时候改变该变量的值。在上述程序中，两个 int z1 变量在局部变量中被重新定义，该变量的值将会发生改变。

在运行上述程序时，被定义的 short 变量“y”、long 变量“a”、int 变量“z”和“z1”、double 变量“c”、float 变量“b”、byte 变量“x”、char 变量“d”、boolean 变量“e”，并没有设置初始值，但是在运行过程中都有数值的出现。

综上可知，无论哪种类型的变量都有其默认值，即使在未给变量定义初始值的情况下，系统也会赋予其默认值。

运行结果:

```
打印数据 z=216
打印数据 x=0
打印数据 y=0
打印数据 z=0
打印数据 a=0
打印数据 b=0.0
打印数据 c=0.0
打印数据 d=
打印数据 e=false
```

2.2.2 常量

常量，顾名思义，就是恒久不变的量。在 Java 语言中，常量表示某一个固定值的字符和字符串，它的名称通常是以大写字母为单位来表示的，其具体格式如下：

```
final double PI=value;
```

◆ PI：常量的名称。

◆ value：常量的值。

【例 2.3】定义几个 Java 常量。

具体代码如下：

```
1  public class Constants {
2     // 定义各种数据类型的常量
3     public final double PI = 3.1415926;
4     public final int a = 2;
5     public final int b = 4;
6     public final int c = 6;
7     public final int dd = 8;
8     public String str1 = "hi";
9     public String str2 = "a";
10    public String str3 = "b";
11    public String str4 = "c";
12    public String str5 = "d";
13    public String str6 = "e";
14    public String str7 = "f";
15    public String str8 = "g";
16    public String str9 = "h";
17    public String str10 = "i";
18    public Boolean m = true;
19    public Boolean n = false;
20 }
```

说明：

在上述代码中，分别定义了不同类型的常量，包括double类型、int类型、String类型和Boolean类型。

在Java程序中，常量可以通过源代码直接指定一个值，因此，它也叫作直接量。举例来说，在“final float=2.14;”这一代码中，变量float的初始值2.14就是直接量。

指定直接量的数据类型是固定的，共包括三种：基本类型、字符串类型和null类型。具体地说，Java共支持八种类型的直接量，说明如下：

◆ int类型：指的是程序设计中直接给予的整型值，可以划分为八进制、十进制和十六进制三种，值得注意的是，八进制要以0开头，十六进制要以0x或0X开头，如123、012(对应十进制的10)、0x12(对应十进制的18)等。

◆ long类型：long类型的直接量是指在整数数值后加上l(字母)或L，如4L，0x12L(对应10进制的18L)等。

◆ float类型：float类型的直接量是指在浮点数后加上f或F，在这个类型的直接量中，浮点数可以是标准小数形式或者科学记数法形式，如1.23F、3.14E5f。

◆ double类型：double类型的直接量就是标准小数形式或科学记数法形式的浮点数，如1.23、3.14E5。

◆ boolean类型：包括两个直接量：true和false。

◆ char类型：包括三种形式：用单引号括起来的字符、转义字符和Unicode值表示的字符，如‘T’‘\b’和‘\0061’。

◆ String类型：只包括一种形式，即用双引号括起来的字符序列。

◆ null类型：直接量只有一个，即null。

在以上八种类型的直接量中，需要强调的是null类型，它是一种特殊类型，并且只有null一个值，并且该直接量可以直接赋给所有引用类型的变量，来表示这个该引用类型的变量中所保存的地址是空的，并不会指向任何有效对象。

2.3 运算符与表达式

在多操作数、多运算类型的混合运算中，描述不同类型运算的符号被称为运算符，其中的运算数据被称为操作数。而表达式就是由运算符、配对的圆括号和操作数组成的，它代表了某个式子的求值规则，每个表达式都有唯一的值。同时，表达式还可以用来处理字符串、测试数据等，它的类型由运算符的类型决定。

2.3.1 算术运算符与算术表达式

算术运算符有两种类型，一是一元运算符，二是二元运算符。算术表达式是指由算术运算符与操作数构成的表达式。

1.一元运算符

一元运算符共包含四个运算符号：-（取负）、+（取正）、++（增量）、--（减量）。

一元运算符是作用于单个操作数以产生新值的运算符，其中的“-（取负）”与“+（取正）”符号只能放于操作数的左边，代表它的负值和正值。

增量与减量符仅仅可以作用于变量，代表操作数的数值增1或减1。如下所示：

```
1 int x = 20;        // 初始化变量
2 ++x; + + x        // 增量，x 的值为 21，等价于 x=x+1
3 x = 8;
4 x--;               // 减量，x 的值为 7，等价于 x=x-1
```

从位置上讲，增量与减量运算符可以位于操作数的左右两侧，但是，在赋值语句中会因其位置的不同而具有不同的意义。若增量或减量运算符出现在操作数的左侧，就表示操作数将先操作增量或减量，再将其结果赋值给等号左边的变量。若其出现在右侧，则表示在未执行增（减）量操作的操作数赋值给等号左侧的变量之后，再进行增量或减量操作，并同时将增（减）量的数值保存到操作数中。如下所示：

```
1  int a, b, c, d;
2  a = b = 20;
3  c = ++a;         // 先执行增量，再执行赋值，c 的值为 21
4  c = b++;         // 先执行赋值，再执行增量，c 的值为 20
5  d = b;           //b 在上一语句中已执行了增量，故 d 的值为 21
```

2.二元运算符

二元运算符的含义基本上与数学中的运算符号是一样的，它包括 +（加）、-（减）、*（乘）、/（除）、%（求余）。

说明：%（求余）运算符用于求除法的余数，求余运算也叫模运算。如下所示：

```
1  int x = 7, y = 3, z;
2  z = x % y;            //z 的值为 1，即 7 被 3 除得余数 1
3  z = y % x;            //z 的值为 3，即 3 被 7 除得商 0，得余数 3
```

3.算术表达式

算术表达式与数学表达式形似，它是由若干二元运算符、数学方法、括号和操作数等元素共同组成的数学式子。如下所示：

```
1  int a = 0, b = 0, c = 0;
2  c = a * b / (28 + b % 5);     // 由运算符、操作数和括号组成的算术表
达式
```

值得强调的是，算术表达式中的括号要使用“()”，不可以使用“[]”和“{}”。除此之外，要注意算术表达式中的数据类型对于最后计算结果的影响。

在算术表达式中，即使所储存的数据来源于相同的计算结果，但是不同数据类型变量中的数据也有可能是不一样的。如下所示：

```
1  int a, b = 25;
2  a = b / 2;        //a 的值为 12，而不是 12.5
```

以上是因为两个整型的数值相除，小数部分会被截掉，所以计算结果也

是整型数值。除此之外，当浮点型变量被赋值时，两个整型数值相除，同样不会保留相除结果中的小数。如下所示：

```
1 double x = 0;
2 int a = 35, b = 4;
3 x = a / b;                //x 的值是 8，而不是 8.75
```

以上是因为 a 与 b 都是整型数值，所以运算结果也是整型。该整型运算结果在赋值给双精度变量 x 时，便被隐式转换成双精度型，从而得出结果 x 的值为 8。

若想保留整型数值相除中的小数，就要进行显式转换。如下所示：

```
1 double x = 0;
2 int a = 35, b = 4;
3 x=(double)a/b;            //x 的值是 8.75
```

以上 x 的值是双精度型，这是因为在运算过程中 a 被强制转换成了双精度型，所以在运算前，b 也被隐式转换成了双精度型（向数值范围宽的类型转换），导致结果也是双精度型。

2.3.2 赋值运算符与赋值表达式

“=”是基本的赋值运算符号，它能将运算符右边的数值赋予左边的变量。“=”的左边不可以是常量或表达式，必须是变量。

根据语法规则，赋值运算符和操作数组合在一起的式子就是赋值表达式，如“m = 10”。

接下来看下面的代码。

```
a = b = c = 15;
```

在赋值运算中，赋值运算符的运算（结合性）顺序是自右向左，所以，15 是每个变量的值。此外，Java 程序一般先对赋值运算符右边的数值进行计算，再进行赋值的操作。如下所示：

```
1 int num = 12;
2 num = num +8;        // 首先获取 num 变量的值，与 8 相加，再将和
赋值给变量 num
```

在 Java 中，还有一种复合的赋值运算符，这种赋值运算符与基本的算术运算符是相对的，它也被叫作算术赋值运算符。但是，和基本赋值运算符相同的是，算术赋值运算符的左边也需要是变量，如表 2-1 所示。

表 2-1

算术赋值运算符	表达式	含义
+=	a+ = b	a = a+b
–=	a– = b	a = a–b
*=	a* = b	a = a*b
/=	a/ = b	a = a/b
%=	a% = b	a = a%b

请看以下所列出的代码示例。

```
1  public static void main(String[] args){
2      int a = 20, b = 3;
3     // 此语句执行完以后，a=15
4     System.out.println("a+=b:a=" + (a += b));
5     // 此语句执行完以后，a=10
6     System.out.println("a-=b:a=" + (a -= b));
7     // 此语句执行完以后，a=50
8     System.out.println("a*=b:a=" + (a *= b));
9      // 此语句执行完以后，a=10
10    System.out.println("a/=b;a=" + (a /= b));
```

```
11    // 此语句执行完以后，a=0
12    System.out.println("a%=b:a=" + (a %= b));
13 }
```

运行结果：

```
a+=b:a=23
a-=b:a=20
a*=b:a=60
a/=b:a=20
a%=b:a=2
```

说明：

在上述代码中，若运算符“/”的两边是整数数值，输出结果也是整数；若“/”两边只有一边是浮点数或者都是浮点数时，输出结果也一样是浮点数。

2.3.3 关系运算符与关系表达式

关系表达式是由关系运算符（>、<、! = 等）与操作数组合而成的表达式。关系运算符的作用是对两边的操作数进行比较来判断式子是否成立，若成立结果就是 true，反之，则为 false，这种结果便是我们上文提到的布尔型运算结果。Java 中比较常见的关系运算符及其说明如表 2-2 所示。

表 2-2

关系运算符	说明	关系表达式示例	运算结果
= =	等于	6== 4	false
>	大于	6> 4	true
> =	大于等于	x=6;x>= 4;	true
<	小于	12< 8	false
<=	小于等于	6<= 9	true
!=	不等于	6!=4	true

需要特别注意以下两种规则：

（1）为了区别于赋值运算符号“=”，等于运算符写成“==”。字符串是一种引用类型的对象，所以在相等比较中，不可使用“==”，而需要用 String 类中的 equals() 方法。

（2）有些关系运算符是由两个符号构成的，如 ==、>=，为避免错误发生，在使用这种关系运算符号时，其中间定不可以有空格。

关系表达式不仅能比较数值，还能比较字符型数据。以下代码说明了常见关系表达式的使用方法。

```
1  int a = 1, b = 1;
2  char c = 'A', d = 'B';
3
4  boolean s, i, j;
5  // 先进行 a 与 b 的比较，然后将比较结果 false 赋值给 s
6  s = (a == b);
7  // 先进行 a>b 的比较，然后把比较结果 true 赋值给 i
8  i = a > b;
9  // j 的值为 false
10 j = c > d;
11
12 String str1 = "China", str2 = "America";
13 // 判断 str1 是否等于 str2，返回 false
14 boolean bool = str1.equals(str2);
```

值得注意的是，比较字符型数据其实就是在比较字符的 Unicode 值。正如以上两个字符变量的比较，因为“B”的 ASCII 码值（Unicode 字符集中前 128 个字符及其 Unicode 值，恰好与 ASCII 相同）大于“A”的 ASCII 码值，所以 ca > cb 不成立，结果为 false。

2.3.4 逻辑运算符与逻辑表达式

逻辑运算符是由关系表达式或关系运算符、布尔运算符连接常量组成的，它的取值结果也是布尔值 true 或 false，因此，逻辑运算符也称为布尔运算

符，逻辑表达式也称为布尔表达式。应用程序的计算结果和用户输入的数值可以由条件表达式和布尔表达式来判定，并基于判定的结果来执行不同的代码段。

在 Java 中，逻辑运算符的操作数和运算结果都是布尔类型。所以，在逻辑表达式中，最常用的布尔运算符有三种，分别是：！（非运算）、& &（与运算）和 ||（或运算）。这三种符号的说明如下：

◆非运算（！）：是一元运算符，可以运算原布尔值的相反值。例如，原布尔值为 true，则非运算的运算结果就是 false，反之为 true。

◆与运算（& &）：遵循“同真为真”的原则，即在运算两个都为 true 的布尔值时，运算结果就为 true。

◆或运算（||）：遵循“同假为假”的原则。当两个布尔值中至少有一个为 true 时，运算结果为 true；当两个布尔值均为 false 时，运算结果为 false。例如：

```
1 Boolean b1 = !(6>8);              //b1 的值为 true
2 boolean b2 = (8>6)&&(2>1);        //b2 的值为 true
3 boolean b3 = (6>8)||(1>2);        //b3 的值为 false
```

再如，一个篮球队想要挑选男女篮球队员，男篮球队员要求身高大于等于 1.80m，体重小于 80kg；女篮球队员要求身高大于等于 1.70m。若想对应该条件，可以用以下的布尔表达式来表示。

```
(性别 =" 男 "&& 身高 >=1.80&& 体重 <= 80)||(性别 =" 女 " && 身高 >=
1.70)
```

2.3.5 条件运算符与条件表达式

条件运算符与前文所述的各类运算符有很大区别，但与后文的 if 语句又有相通之处，它是一种特殊的运算符，也叫三目运算符。条件运算符的作用是为前面的变量赋值。在 Java 中，条件运算符有一定的语法规则，其语法格式如下：

```
变量 = (布尔表达式)? 为 true 时所赋予的值：为 false 时所赋予的值；
```

【例 2.4】使用条件运算符。

具体代码如下：

```
1  public static void main (String args [] ) {
2      double score = 60;
3      String result = (score >= 85) ? "good" : "bad";
4      // 输出结果
5      System.out.println(result);
6  }
```

运行结果：

```
bad
```

说明：

第 2 行将 double 类型的变量定义为 score，并将其初始值设置为 60。

第 3 行将 String 类型的变量定义为 result，并赋值一个条件运算符类型的结果。若变量 score 大于等于 85，则显示“good”的结果，反之，则显示“bad”的结果。

第 5 行利用 println() 函数打印输出 result 的结果。由于已经在代码中设置了 score = 60，所以该代码的运行结果为“bad”。

2.3.6 位运算符与位表达式

在 Java 程序设计中，位运算符只能操作二进制数据。因此，当使用其他进制数据时，必须将其他进制数据转换为二进制数据，再进行操作。位运算可以直接运行整数类型的位，如 char、byte、long 等。位运算符各个符号及其具体说明如表 2-3 所示。

表 2-3

位运算符	说明
~	按位取反运算
&	按位与运算
|	按位或运算
^	按位异或运算

续表

>>	右移
>>>	右移并用 0 填充
<<	左移

在整数范围内，位运算符对位操作对一个值产生的效果是十分重要的。换句话说，掌握 Java 系统存储整数值、表示负数的方法是十分有帮助的。操作数 A 和操作数 B 按位运算的结果如表 2–4 所示。

表 2–4

操作数 A	操作数 B	A|B	A&B	A^B	~A
0	0	0	0	0	1
0	1	1	0	1	1
1	0	1	0	1	0
1	1	1	1	0	0

移位运算符生成新数字的方式就是把数字的位向左或向右移动。在 Java 语言中，右移运算符有两个，分别是 >> 和 >>>。

◆ >> 运算符：该运算符可以将首位操作数的二进制码右移，空出来的位用原始符号位 0 或 1 来充当。若首位操作数是正数，则用 0 充当；若首位操作数是负数，则用 1 来充当。

◆ >>> 运算符：它在将首位操作数的二进制码右移后，总是用 0 来充当空出位。

以下将用具体实例来演示位运算符的基本用法。

【例 2.5】使用位运算符。

具体代码如下：

```
1 int m = 11;
2 int n = 12;
3 // m 与 n 的结果为 : 8
4 System.out.println("m 与 n 的结果为 : " + (m & n));
```

运行结果：

```
m与n的结果为：8
```

说明：

第1行和第2行分别定义两个char类型的变量m和n，并分别设置它们的初始值。

第4行使用println()函数打印输出m & n的结果。

2.3.7 运算符优先级

在Java语言中，运算符优先级就是在多种混合运算中，每个表达式中运算符的执行顺序，即运算符的先后执行顺序。

这种先后执行顺序会直接导致运算结果发生变化，因此，它对应用程序的正常运转起着举足轻重的作用。比如，表达式“10+3|5+2”进行按位或运算和加法运算时，若想先执行加法运算，最终表达式的结果值为15；若想先执行按位或运算，则表达式最终的结果值为19。因此，运算顺序的不同会直接导致表达式结果值的不同。一般，在设计程序时，如果不清楚运算符的先后执行顺序，可以在表达式中加上运算符小括号，作为优先级最高的运算符号，它可以帮助我们明确地分辨出表达式运算的先后顺序。

例如，表达式“(10+3)|(5+2)”，通过运算符小括号就可以看出应该先执行加法运算，再执行按位或运算。

运算操作的优先顺序需遵循一定的规则，说明如下所示：

第一，是小括号的优先级。

第二，是算术运算操作的优先级。

第三，是关系运算操作的优先级。

第四，是位运算操作的优先级。

第五，是逻辑运算操作的优先级。

最后，是赋值运算操作的优先级。

Chapter

03

第 3 章

程序流程控制

程序语言通常使用控制语句来控制程序的流程，从而完成程序状态的改变。本章将详细介绍Java语言的程序控制语句。通过学习本章，读者可以快速掌握Java语言的程序控制语句的使用方法。

学习要点：★认识语句结构

★掌握选择结构的使用方法

★掌握循环结构的使用方法

3.1 认识语句结构

Java 的程序控制语句分为顺序结构、选择结构和循环结构。一个程序的结构可能只是其中一种，也可能同时包括两种或三种。

顺序结构是一种最基本的流程控制语句，其特点是，执行流程与代码的先后顺序相对应，程序从上到下执行。前面例子中的语句都是顺序结构，这里就不再详细介绍。选择结构又叫分支结构，将会根据程序输入的实际数据来选择执行不同的语句块。循环结构则会按照程序条件，重复执行某些特定的语句块。三种基本结构如图 3-1 所示。

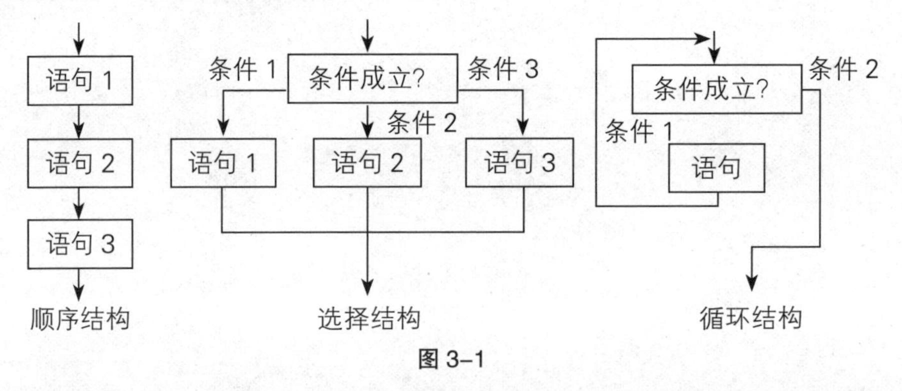

图 3-1

3.2 选择结构

选择结构即条件选择分支结构，属于程序设计中较为常见的一种流程控制结构。选择结构的特点是能够提供与各类条件场景相对应的编码实现，这也是其存在的意义。选择结构由 if 条件结构与 switch 条件结构两大类组成。if 条件结构在所有选择结构中较为普遍，应用也较为普遍。if 条件结构还可以进一步分为 if 语句、if…else 语句两种。if 条件结构把“if”作为声明关键字。

3.2.1 if语句

if 语句结构如下：

```
结构关键字“if”+( 布尔表达式 )
结构开始符号“{”
    语句 1
    语句 2
    …
    语句 n
结构结束符号“}”
```

if 语句的结构语法说明如下：

（1）关键字：if。

（2）条件表达式：布尔值，只能为 true 或 false。

（3）规则：条件值是 ture 则执行结构体，如果是 false 则跳过结构体。

关键字“if”后面需要有一个置于小括号内的布尔表达式，以此作为分支结构的条件表达式。若表达式的结果值是 true，则执行下方的代码结构体；若表达式的结果值是 false，则直接跳过下方的代码结构体。如下所示：

```
1 int a = 100;
2 int b = 200;
3
4 //if 条件结构
5 if (a < b) {
6     System.out.println("would print : a < b");
7 }
```

本示例中的“a<b”为 if 条件结构的条件表达式，这也就意味着，若条件得到满足，即 a<b 的运算值是 true，则执行 if 结构体的语句，若 a<b 的运算值是 false，则跳过 if 结构体的语句。

3.2.2 if…else语句

if…else 语句结构如下：

```
if( 布尔表达式 1) {
    代码语句…
```

```
}
else if( 布尔表达式 2) {
    代码语句…
}
…
else{
    代码语句…
}
```

if…else 语句的结构语法说明如下：

（1）关键字：if…else。

（2）条件表达式：布尔值，只能是 true 或 false。

（3）规则：条件表达式值是 ture 时执行对应的结构体。若全部条件均无法匹配，则执行 else 对应的结构体。

若布尔表达式 1 的值是 true ，则执行 if 结构体代码，之后跳出条件选择结构；若布尔表达式 1 的值是 false，便判断布尔表达式 2 的值；若表达式 2 的值是 true，执行 else if 结构体代码，之后跳出条件选择结构；若表达式 2 的值是 false，则按顺序向下判断其他 else if 布尔表达式的值。当全部布尔表达式的值均是 false 时，执行 else 对应的结构体语句。尤其需要注意的是，条件选择分支结构中 else if 结构体的数量可以为多个，但最多只能执行一个选择分支结构体。此外，else 结构体为可选结构，编程时要以实际需要来定义。

if…else 语句结构示例如下：

```
1 int x = 30;
2 int y = 60;
3
4 if (x > y) {
5     System.out.println("x 大于 y");
6 } else if (x < y) {
7     System.out.println("x 小于 y");
8 } else {
```

```
 9     System.out.println("x 等于 y");
10 }
```

本示例中，“x > y”为 if 条件结构的条件表达式，若表达式的运算值是 true，则执行 if 结构体的语句，输出“x 大于 y”，同时跳出条件选择结构；而当 x > y 的运算值是 false 时，则运算 else if 的条件表达式是“x < y”，若表达式的运算值是 true，则执行 else if 结构体的语句，输出“x 小于 y”，并跳出条件选择结构；若 else if 的条件表达式的运算值是 false，则直接执行 else 结构体的语句，输出“x 等于 y”。

3.2.3 if…else if语句

if…else if 语句即“多条件 if 语句”，它能够用于多条件判断。适合用于对三种或三种以上的情况进行判断的选择结构。if…else if 语句的语法格式如下：

```
if( 条件表达式 1) {
     条件表达式 1 成立时执行的语句序列；
}
else if( 条件表达式 2) {
     条件表达式 2 成立时执行的语句序列；
}
...
else if( 条件表达式 n) {
     条件表达式 n 成立时执行的语句序列；
}
else {
     上述所有条件都不成立时执行的语句序列；
}
```

【例 3.1】选拔男子篮球队员。标准为身高不低于 1.75m，体重为 75 ~ 90kg。

具体代码如下：

```
1 String gender = " 男 ";
2 double height = 1.76;
3 int weight = 80;
```

```
4
5 if (gender.equals(" 女 ")) {
6     System.out.println(" 按不符合条件处理 ");
7 }  else if (height < 1.75) {        //else if 可以理解为 “否则，如果……”
8     System.out.println(" 按不符合身高条件处理 ");
9 }  else if (weight < 75 || weight > 90) {
10    System.out.println(" 按不符合体重条件处理 ");
11 }  else {
12    System.out.println(" 按符合条件处理 ");
13 }
```

3.2.4 switch语句

switch 语句同样为多分支选择结构，其语法结构如下：

```
switch( 表达式 ) {
      case 常量表达式 1: 语句块 1;
                [break;]
      case 常量表达式 2: 语句块 2;
                [break;]
      …
      case 常量表达式 n-1: 语句块 n-1;
                [break;]
      default: 语句块 n
}
```

switch 语句的原则是把“switch(表达式)”中表达式的值和常量表达式的值相匹配，若相符，则按照该常量表达式对应的语句块执行；若全部常量表达式均不相符，则按照 default 后面的语句块执行。

switch 语句的执行过程如下：

（1）按照顺序，把“switch(表达式)”中表达式的值和后面的“case 常量表达式”中常量表达式的值相比较。

（2）若表达式的值和某个常量表达式的值符合，则执行与该常量表达式对应的语句块。

（3）若全部常量表达式的值均不相符，则执行 default 后面的语句块。

应用 switch、break、default 等语句时需要注意以下几点：

（1）switch(表达式)的结果值类型应该和常量表达式的值类型相同，如字节型（byte）、短整型（short）、整型（int）、字符型（char）、字符串（String）或枚举等数据类型，但不可以是长整型（long）、浮点型（float 和 double) 或布尔型（boolean）。

（2）break 语句用于让程序从整个 switch 语句中跳出，直接执行 switch 语句下面的代码。break 语句也可以省略，省略后程序就会按照顺序执行下面的每一条语句，直到遇到 break，或整个 switch 语句被执行完毕。

（3）default 语句最多只能有一个，一般置于末尾，或者置于 case 与 case 之间或 case 之前。default 语句也可以省略，省略后，若“switch(表达式)”的结果值均不匹配，则程序将直接结束该 switch 语句，不执行任何内容。

（4）switch 语句中的 case 语句块可以不置于大括号内。

（5）“case”和常量表达式之间应该有空格，不然就会出现语法错误。

（6）各常量表达式的值不可以相同，不然就会出现语法错误。

【例 3.2】运用 switch 语句编写一个程序，要求以员工的绩效等级为依据，判断员工的绩效为“优秀”“良好”“合格”或“不合格”，并输出对应字符串。

具体代码如下：

```
1  //声明一个字符型变量，并赋初值
2  char performance = 'C';
3
4  // 匹配成绩 performance 的值
5  switch (performance) {
6      // 如果 performance 的值与该表达式相符
7      case 'A':
8          // 执行该语句块
9          System.out.println(" 优秀 ");
10         // 结束
11         break;
12     // 如果 performance 的值与该表达式相符
```

```
13   case 'B':
14       // 执行该语句块
15       System.out.println(" 良好 ");
16       // 结束
17       break;
18   // 如果 performance 的值与该表达式相符
19   case 'C':
20       // 执行该语句块
21       System.out.println(" 合格 ");
22       // 结束
23       break;
24   // 如果以上都不符合
25   default:
26       // 执行该语句块
27       System.out.println(" 不合格 ");
28 }
```

运行结果：

```
合格
```

3.2.5 选择结构的嵌套

"if 语句的嵌套" 的意思是，在一个选择结构程序段中包含另一个 if 选择结构。例如，下面实例代码演示了 if 语句的嵌套的使用。

【例 3.3】用 if 语句的嵌套实现通过匹配用户名与密码管理用户登录的情形。

具体代码如下：

```
1  String userName = "Jack";
2  String password = "abc";
3
4  if (userName.equals("Jack")) {
5      if (password.equals("abc")) {       //if 语句的嵌套使用
```

```
6           System.out.println("Welcome");
7       } else {
8           System.out.println(" 密码出错了！");
9       }
10  } else {
11      System.out.println(" 用户名出错了 !");
12  }
```

运行结果：

```
Welcome
```

3.3 循环结构

选择语句和循环语句的区别是，前者能够让程序有选择地执行某个语句块，后者能够让程序重复地执行某个语句块。循环语句可以分为 while 语句、do…while 语句与 for 语句。

3.3.1 while语句

在循环语句中，while 语句使用较多，其语法格式如下：

```
while( 逻辑表达式 ){
    语句块
}
```

while 语句的执行过程如下：

（1）对“while(逻辑表达式)”中逻辑表达式的值进行判断，若返回 true，则按照顺序执行大括号内的语句块。（在循环语句中，语句块也被称为循环体）

（2）语句块执行完毕后，继续判断 while 循环语句中逻辑表达式的值，倘若还是返回 true，则再次按顺序执行大括号内的语句块；若返回 false，则直接结束。

（3）重复步骤（2），直到逻辑表达式返回 false，结束循环。

while 语句的表达式必须为逻辑表达式，返回的结果也必须为逻辑型。while 语句中应有改变逻辑表达式的值的条件，否则其值会不断返回 true，形成死循环。若 while 后面只有一条语句，则可以省略大括号，不过出于养成良好编程习惯的目的，最好依然加上大括号。

需要注意的是，while 语句后面与大括号后面均不可有分号。

【例 3.4】用 while 语句编写一个程序，计算 50 以内的奇数之和并输出。

具体代码如下：

```
1 // 定义 2 个整型变量并赋值，num 的初始值为第 1 个奇数 1
2 int sum = 0, num = 1;
3
4 // 当变量 num 的值小于等于 50 时
5 while (num <= 10) {
6       // 赋值运算
7       sum += num;
8       // 赋值运算
9       num += 2;
10 }
11 System.out.println("10 以内所有奇数的和是 :" + sum);
```

运行结果：

```
10 以内所有奇数的和是 :25
```

说明：

在上述代码中，变量 num 循环的起始值是 1，每次循环均将 num 的值加到变量 sum 上，而 num 的值每次均加 2，直到表达式 num<=10 不成立

才停止循环。

3.3.2 do…while语句

do…while 循环与 while 循环相似，大多数时候两者能够彼此替代使用。其区别是测试条件执行时机的不同，while 循环的测试条件执行于每一次循环体开始时，do…while 循环的测试条件则在每一次循环体结束时进行判断。do…while 语法格式如下：

```
do {
    循环语句序列；
} while ( 条件表达式 );
```

当程序执行到 do 语句时，便开始无条件执行循环体中的语句序列，执行到 while 语句时再测试条件表达式。当条件表达式的值为 true 时，便返回 do 语句重复循环，否则退出循环执行 while 后续语句。例如：

```
1  int i;
2  do {
3        // 循环体语句，产生一个 0~5 的随机整数
4        i = 10 + (int) (Math.random() * 5);
5        System.out.println(i);
6  } while (i != 15);    // 若 i 的值不等于 15，则返回 do 语句，否则退出
循环执行后续语句
```

3.3.3 for语句

作为循环语句的一种，for 语句的特点是形式灵活、功能强大，往往用于已知所需循环次数的情况。for 语句的语法格式如下：

```
for( 初始化表达式 ; 逻辑表达式 ; 迭代表达式 ) {
    语句块
}
```

for 语句的执行过程如下：

（1）计算初始化表达式的值。初始化表达式一般被用来对循环变量赋初值，仅会执行一次。

（2）计算逻辑表达式的值，若返回的值是 true，则执行语句块(循环体)；若返回的值是 false，则结束整个 for 循环。

（3）计算迭代表达式的值。迭代表达式一般用于改变循环变量的值，为下一次循环的执行做准备。

（4）再次执行步骤（2）与步骤（3），直到步骤（2）中的逻辑表达式返回 false，就结束整个 for 循环。

需要注意的是，for 语句的三个表达式之间必须插入分号，不能省略。

【例 3.5】用 for 语句编写一个程序，计算 50 以内所有整数的和并输出。

具体代码如下：

```
1 //声明变量并赋初值
2 int sum = 0;
3 // for 语句的 3 个表达式
4 for (int num = 1; num <= 50; num ++) {
5     //循环体
6     sum = sum + num;
7 }
8 System.out.println("50 以内所有整数的是：" + sum);
```

运行结果：

```
50 以内所有整数的和是 :1275
```

3.3.4 break和continue语句

Java 中的跳转语句分为 break 语句与 continue 语句，这两种语句均用于改变程序的执行顺序，跳转到程序的其他部分。

1.break语句

brea 语句有两种作用：

（1）在 switch 语句中，通过 break 语句终止一个语句序列。

（2）在循环体中，break 语句可以用于退出循环。在循环进行时，在某种条件下，可以通过 break 语句退出循环体。

【例 3.6】任意输入一个整数 m，并判断 m 是不是素数。

具体代码如下：

```
1 // 定义变量
2 int i, j;
3 int m = 11;
4
5 j = (int) Math.sqrt(m);
6 for (i = 2; i <= Math.sqrt(m); i++) {
7     if (m % i == 0) {
8         break;
9     }
10 }
11
12 if (i >= j + 1) {
13     System.out.println(m + " is a prime number!");
14 } else {
15     System.out.println(m + " is not a prime number!");
16 }
```

运行结果：

```
11 is a prime number!
```

说明：

由于素数只能被其自身及 1 整除，所以 m 若不能被 2 ~ m−1 之间的数所整除，便可以判断 m 是素数。反之，在 2 ~ m−1 之间若可以找出一个整除 m 的数，便可以判断 m 不是素数，可用 break 语句退出循环。其实判断范围可以进一步缩小到 $\sqrt{m}$ ，其依据是，m 若可以被分解成两个因子 a 和 b 的话，则其中较小的因子必定小于 $\sqrt{m}$ 。

退出 for 循环的原因若是找到了一个可整除 m 的数，则 i < =sqrt(m)；反之，如果是正常结束循环，则应执行 i=j+1。i > j+1 的结果可以作为判断“是素数”或“不是素数”的依据。

2.continue语句

continue 语句仅用于循环结构中，其作用是使循环结构跳过 continue 后的其他语句结束本次循环，并转去检测循环控制条件，以判断是否进行下一次循环。

相比于直接终止整个循环的 break 语句，continue 语句的特点是只终止本次循环，并以循环控制条件的检测结果为依据，判断是否继续下一次循环。

【例 3.7】输出 100 ~ 200 所有不能被 3 整除的数。

具体代码如下：

```
1 // int i;
2 for (i = 10; i <= 81; i++) {
3     if (i % 3 == 0) {
4         continue;
5     }
6 }
7 System.out.println("i = " + i);
```

运行结果：

```
i = 82
```

说明：

若 i 能被 3 整除，则执行 continue 语句，结束本次循环；若 i 不能被 3

整除，则执行输出操作。

3.3.5 循环结构的嵌套

循环语句用法多样，可以相互嵌套也可以单独使用。嵌套时，既能嵌套同类型的循环语句，也能嵌套其他类型的循环语句。从原理上讲，循环语句的嵌套层数没有上限，但从实用性来讲，嵌套层数最好不要太多，因为嵌套层数过多会让程序的执行效率大幅降低。

对于嵌套的循环语句，其执行顺序是，先执行内层循环，后执行外层循环。

嵌套的循环语句的语法结构有以下几种。

1.while语句的嵌套

while 语句的嵌套的语法格式如下：

```
while( 逻辑表达式 1) {
        while( 逻辑表达式 2) {
                …
        }
}
```

2.do…while语句的嵌套

do…while 语句的嵌套的语法格式如下：

```
do{
        do{
              …
    }while( 逻辑表达式 1);
}while( 逻辑表达式 2);
```

3.for语句的嵌套

for 语句的嵌套的语法格式如下：

```
for( 初始化表达式 1; 逻辑表达式 1; 迭代表达式 1) {
```

```
    for( 初始化表达式 2; 逻辑表达式 2; 迭代表达式 2) {
        …
    }
}
```

4. while语句和do…while语句的嵌套

while 语句和 do…while 语句的嵌套的语法格式如下：

```
while( 逻辑表达式 1) {
    do{
        …
    } while( 逻辑表达式 2);
}
```

5.while语句和for语句的嵌套

while 语句和 for 语句的嵌套的语法格式如下：

```
while( 逻辑表达式 1){
    for( 初始化表达式 ; 逻辑表达式 2; 迭代表达式 ){
        …
    }
}
```

6.do…while语句和while语句的嵌套

do…while 语句和 while 语句的嵌套的语法格式如下：

```
do{
    while( 逻辑表达式 1){
        …
    }
}while( 逻辑表达式 2);
```

7.do…while语句和for语句的嵌套

do…while 语句和 for 语句的嵌套的语法格式如下：

```
do{
    for( 初始化表达式 ; 逻辑表达式 1; 迭代表达式 ){
        …
    }
}while( 逻辑表达式 2);
```

8.for语句和while语句的嵌套

for 语句和 while 语句的嵌套的语法格式如下：

```
for( 初始化表达式 ; 逻辑表达式 1; 迭代表达式 ){
    while( 逻辑表达式 2){
        …
    }
}
```

9.for语句和do…while语句的嵌套

for 语句和 do…while 语句的嵌套的语法格式如下：

```
for( 初始化表达式 ; 逻辑表达式 1; 迭代表达式 ){
    do{
        …
    }while( 逻辑表达式 2);
}
```

【例 3.8】编写一个程序，使用循环的嵌套来处理二维数组。

具体代码如下：

```
1  public static void main(String[] args) {
2      // 定义二维数组的长度
3      int m = 3;
4      // 声明两个变量 i 和 j
5      int i, j;
6      // 定义一个二维数组并为二维数组赋值
```

```
7     int[][] array = new int[m][m];
8
9     // 为数组赋值
10    for (i = 0; i < m; i++) {
11        for (j = 0; j < m; j++) {
12            // 第 i 行、第 j 列的元素的值为 i 与 j 之和
13            array[i][i] = i + j;
14        }
15    }
16
17    // 循环输出二维数组中的元素值
18    for (i = 0; i < m; i++) {
19        // 对每一行中的列进行循环
20        for (j = 0; j < m; j++) {
21            // 输出二维数组第 i 行、第 j 列的元素的值
22            System.out.print(array[i][j] + " ");
23        }
24        // 换行
25        System.out.println("");
26    }
27 }
```

运行结果：

```
2 0 0
0 3 0
0 0 4
```

说明：

在上述代码中，二维数组下标 i 与 j 的值的改变就是依靠 for 语句的嵌套的双重循环来实现的，它依次为二维数组的元素赋值并同时输出二维数组中每个元素的值。

Chapter

04

第4章

字符串

字符串是编程语言中表示文本的数据类型。本章将详细介绍字符串。通过本章的学习，读者可以快速掌握字符串的操作方法。

学习要点：★掌握String类的使用方法

★掌握StringBuffer类的构造方法

★掌握StringBuffer类的常用方法

4.1 字符串的概述

在 Java 中，用双引号括起来的零个或多个字符序列被称为字符串。由于在程序中需要频繁对字符串进行处理，所以 Java 专门提供了用于对字符串进行处理的类。

在 Java.lang 包中提供了 String 类、StringBuilder 类和 StringBuffer 类，String 类处理不变字符串，StringBuilder 类与 StringBuffer 类处理可变字符串，它们均为 16 位的 Unicode 字符序列，而且均声明为 final 类，即不可继承的。

需要说明的是，String 型的字符串不可改变代表着 String 实例一旦被建立，它的内容将无法被改变。但是，String 变量可以被改变，以指向另外的 String 对象。

4.2 常用String类

String 类提供了很多方法来操作字符串，基本可分为获取字符串长度及字符的访问、子串操作、比较字符串、修改字符串与转换类型字符串等。

4.2.1 获取字符串长度及字符的访问

（1）int length( )：返回当前字符串对象的长度，也就是字符串中字符的个数。有一点需要注意，length 在此处为 String 类的方法，但对数组来说，它是属性。

（2）char charAt(int index)：返回当前字符串中索引为 index 的字符。index 必须介于 o~length()–1，否则会出现 StringIndexOutOfBoundsException 异常 (Unchecked 型)。例如：

```
1 // 初始化字符串
2 String str = new String(" 计算科学与技术 ");
```

```
3
4 // 循环输出字符串中的字节
5 for (int i = 0; i < str.length(); i++) {
6     // 依次取得各字符
7     System.out.print(str.charAt(i) + " ");
8 }
```

运行结果：

```
计 算 科 学 与 技 术
```

4.2.2 子串操作

子串操作主要有以下几种方法：

（1）int indexOf(String str, int from)：查找子串 str 在当前字符串内从 from 索引开始首次出现的位置。如果不存在子串 str 则返回 –1。

（2）int lastIndexOf(String str, int from)：查找子串 str 在当前字符串内从 from 索引开始最后一次出现的位置。如果不存在子串 str 则返回 –1。

（3）String substring(int begin, int end)：取得当前字符串内从索引 begin 开始（含）到索引 end 结束（不含）的子串。例如：

```
1 String s = " 这件商品的售价为 ¥0.60 ";
2 int index = s.indexOf('¥');
3
4 // 从字符 ¥ 开始截取，截取后的结果为 ¥0.60
5 System.out.println(" 字符串截取结果："+s.substring(index));
```

运行结果：

```
字符串截取结果：¥0.60
```

4.2.3 比较字符串

比较字符串主要有以下几种方法：

（1）boolean equals(Object obj)：重写自根类 Object 的方法。如果 obj 为 String 类型，就会比较内容是否相同，否则返回 false。

（2）boolean equalsIgnoreCase(String str)：在忽略字母大小写的基础上比较 str 和当前字符串对象的内容是否相同。例如：

```
1 // true
2 boolean a1 = "hello".equals("hello");
3 // true
4 boolean a2 = "hello".equalsIgnoreCase("HELLO");
```

（3）int compareTo(String str)：依据对应字符的 Unicode 编码比较 str 和当前字符串对象的大小。如果当前串对象比 str 大，则返回正整数；如果比 str 小，则返回负整数；如果相等，则返回 0。此方法与 C 语言中的 strcmp 函数相似。

（4）int compareToIgnoreCase(String str)：与方法（3）类似，区别在于此方法忽略字母大小写。例如：

```
1 String s1 = "hello";
2 String s2 = "hello world";
3 if (s1.compareTo(s2) > 0) {
4     // abd > abcde
5     System.out.print(s1 + "> " + s2);
6 }
```

（5）boolean startsWith(String prefix)：判断当前字符串对象是否以 prefix 开头。

（6）boolean endsWith(String suffix)：判断当前字符串对象是否以 suffix 结尾。例如：

```
1 String s3 = "<title> 我的页面 </title>";
2 if (s3.startsWith("<title>") && s3.endsWith("</title>")) {
3     // 打印结果：我的页面
4     System.out.println(" 我的页面 ");
5 }
```

4.2.4 修改字符串

修改字符串主要有以下几种方法：

（1）String toLowerCase()：把当前字符串对象中的所有字母转为小写。

（2）String toUpperCase()：把当前字符串对象中的所有字母转为大写。例如：

```
1 // 转为大写字母 HELLO
2 System.out.println("helLO".toUpperCase());
3 // 转为小写字母 hello
4 System.out.println("helLO".tolowerCase());
```

（3）String replace(char oldChar, char newChar)：用 newChar 当前字符串对象中的所有 oldChar 字符。例如：

```
1 // 字符串替换，将 "w" 替换为 "x"
2 String s ="hello world".replace('w'，'x');
3 // 替换后的字符串为：hello xorld
4 System.out.println(" 替换后的字符串为：" + s);
```

（4）String trim()：去掉当前字符串对象的首尾空白字符（一般为空格字符）。例如：

```
1 String name = " jackie\t\r ";
2 // 去掉字符串前后的空格，结果为：jackie
3 System.out.println(" 去掉字符串前后的空格，结果为：" + name.
trim());
```

4.2.5 转换字符串类型

Java 提供的字符串类的构造方法可以将字符数组转换为字符串。例如：

```
1 char[] array = {'H','e','l',l,o'};
2 String a1 = new String array);      // 将字符数组作为构造函数的参数
传入
3 System. out.println(a1);
```

运行结果：

```
Hello
```

String 类提供的构造方法可以将字符数组作为参数传入，在使用 new 关键字创建字符串对象时，就会把传入的字符数组转换为对应的字符串。

也可以用 Java 提供的 toCharArray() 方法将字符串转换为 char 类型的数组。toCharArray() 方法可以按照顺序提取字符串中的所有字符，并依次存储至 char 类型数组的各元素中。

toCharArray() 方法的语法格式如下：

```
Char[] 数组名 = 字符串变量 .toCharArray();
```

例如：

```
1 // 初始化变量
2 String str = "hello world";
3 // 将字符串转换成字符数组
4 char[] chars = str.toCharArray();
5 // 显示字符数组的长度，得到 11
6 System.out.println(" 字符数组的长度 : " + chars.length);
7 // 显示字符数组的内容， 得到 [h, e, l, l, o,  , w, o, r, l, d]
8 System.out.println(" 字符数组的内容 : " + Arrays.toString(chars));
```

运行结果：

```
字符数组的长度 : 11
字符数组的内容 : [h, e, l, l, o,  , w, o, r, l, d]
```

除了上面的例子，toCharArray() 函数还能和其他 String 类的方法和操作符一起使用。如可以使用 toCharArray() 函数检查字符串是否包含特定字符：

【例 4.1】使用 toCharArray() 函数检查字符串是否包含特定字符。

具体代码如下：

```
1 public static void main(String[] args) {
2             char[] charArray = "Hello, World!".toCharArray();
3             char searchChar = 'W';
4             // 检查字符数组中是否包含特定字符
```

```
5          boolean containsChar = false;
6          for (char c : charArray) {
7                  if (c == searchChar) {
8                          containsChar = true;
9                          break;
10                 }
11         }
12         System.out.println(" 字符串中是否包含字符 '" + searchChar
+ "': " + containsChar);
13}
```

运行结果：

```
字符串中是否包含字符 'W': true
```

说明：

在上述代码中，先创建了一个字符串 charArray，其值为 "Hello, World!"。然后，用 toCharArray() 函数将这个字符串转换为字符数组，并将结果保存在 charArray 字符数组变量中。接着，又定义了一个 searchChar 变量，其值为 'W'。再接着，用 for-each 循环遍历 charArray 字符数组，并检查是否包含特定字符。如果找到特定字符，就设置 containsChar 变量为 true，并使用 break 关键字跳出循环。最后，用 System.out.println() 函数打印出字符串是否包含特定字符。

4.2.6 分割字符串

有分隔符的字符串是指字符串中包含有多个数据，且每个数据之间都插入一个特殊的分隔符。例如，字符串 “950,26,34,78” 含有四个数据，这四个数据以逗号分隔；又如，“950 26 34 78” 含有四个数据，这四个数据以空格分隔。

String 类的 split() 方法能够把字符串中以特定分隔符分隔的数据提取到一个字符串数组中。split() 方法的语法格式如下：

```
String[] 数组名 = 字符串变量 .split( 分隔符 );
```

【例 4.2】计算各科的平均成绩。

具体代码如下：

```
1 String courseAndScores = " 语文 : 89, 数学 : 97, 英语 : 95";
2 String[] splitCourseAndScores = courseAndScores.split(",");
3 for (String oneCourseAndScores : splitCourseAndScores) {
4     String[] courseAndScore = oneCourseAndScores.split(":");
5     System.out.println("course " + courseAndScore[0] + " ,score: " +
courseAndScore[1]);
6 }
```

运行结果：

```
course 语文 ,score: 89
course 数学 ,score: 97
course 英语 ,score: 95
```

4.3 StringBuffer类

String 类对象包含的字符串内容不会改变，所以如果经常需要改变字符串的值，可以使用 StringBuffer 类，因为 StringBuffer 类的内容是可变的，并提供了对字符串内容进行修改的方法，如添加、插入和替换等。

4.3.1 StringBuffer类的构造方法

StringBuffer 类的构造方法主要有以下几种：

（1）StringBuffer() 的作用是创建一个不带字符的空的 StringBuffer 对象，其初始化容量是 16 个字符。

（2）StringBuffer(int length) 的作用是构造一个不带字符的字符串缓冲区，但指定其初始容量大小为 length。StringBuffer(Stringstr) 则用于构造一个字符串缓冲区。

（3）与 String 不同，创建 StringBuffer 对象必须使用它的构造方法，例

如，StringBuffer= "abc" 是不允许的。创建的 StringBuffer 对象，除了分配实际串的长度，还另外分配了 16 字节的缓冲区。

4.3.2 StringBuffer类的常用方法

StringBuffer 类可以提供多种对字符串的处理方法，其中有一些和 String 类相似，这些方法在功能上和 String 类一样，区别在于 String 对象的修改其实是在内存新开辟一块区域，而 StringBuffer 对象的每次修改只是改变对象自己。

StringBuffer 类的常用方法如表 4–1 所示。

表 4–1

方法名	方法的作用
String toString()	转换为 String 型
int capacity()	返回字符串缓冲区的容量
void set Length()	设置字符串缓冲区的最大长度
String reverse()	逆序生成一个新字符串
StringBuffer append(String str)	在尾部追加如字符串 str
StringBuffer insert(int offset,String str)	在指定位置插入字符串 str
StringBuffer rphae(int a,int b,String str)	在指定的开始和结束位置替换字符串
StringBuffer delete(int a,int b)	删除指定的开始和结束位置的字符串

【例 4.3】StringBuffer 类中常用方法的应用。

具体代码如下：

```
1 // 初始化变量
2 StringBuffer str1 = new StringBuffer();
3 StringBuffer str2 = new StringBuffer("word");
4 StringBuffer str3 = new StringBuffer("count");
5
6 // 计算容量
7 System.out.println("str1 容量 : " + str1.capacity() + ", str1 长度 = "
+ str1.length());
```

```
 8
 9 //计算容量与长度
10 System.out.println("str2 的容量:" + str2.capacity() + ", str1 长度 =
" + str2.length());
11
12 //字符串插入
13 System.out.println("str2 插入:" + str2.insert(3, "XX"));
14
15 //字符串替换
16 System.out.println("str2 替换:" + str2.replace(3, 6, "YY"));
17
18 //字符串拼接
19 System.out.println("str2 连接 str3: " + str2.append(str3));
```

运行结果：

```
str1 容量:16, str1 长度 = 0
str2 的容量:20, str1 长度 = 4
str2 插入:worXXd
str2 替换:worYY
str2 连接 str3: worYYcount
```

说明：

在例 4.2 中，str1 与 str2 的长度分别是 0 与 4；在建立 StringBuffer 对象时，需要分配 16 字节的缓冲区，因而 str1 的容量为 16，str2 的容量为 20。

Chapter

05

第5章

数组

导读 ▷

数组结构按照形态可分为一维数组、二维数组和多维数组。在各种数组形态中，一维数组为最基本的数组形式。二维数组以外还可以有更细更复杂的三维数组、四维数组等。本章主要介绍了一维数组、二维数组和数组的操作。通过本章的学习，读者可以快速了解、掌握Java的常用数组。

学习要点：★掌握一维数组的声明、创建、初始化、访问

★掌握二维数组的声明、创建、初始化、访问

★掌握数组的比较、填充、查找、复制、排序等操作

5.1 一维数组

一维数组是结构最基本、最简单的数组类型，也是使用频率最高的数组类型。一维数组存储数据的方式为每个下标节点存储一个数据项元素，下标节点由 0 开始连续编号，直到结构中的最后一个节点空间。

5.1.1 一维数组的声明

一维数组的格式主要有两种。

第一种语法格式如下：

```
数据类型 []  数组名称
```

例如：

```
int[] score          // 声明一个 int 类型，名称为 score 的一维数组
```

第二种语法格式如下：

```
数据类型  数组名称 []
```

例如：

```
char name[]      // 声明一个 char 类型，名称为 name 的一维数组
```

上面的这两种格式均为声明一维数组的格式，第一种格式中的数组声明符号“[]”紧跟数据类型；第二种格式中的数组声明符号“[]”置于数组名称的后面，同样是有效的数组声明方式。

5.1.2 一维数组的创建

完成数组的声明后，便可进行数组的创建。创建数组即指定这个数组可以存放多少个元素，并分配给对应大小的内存空间。Java 中能够使用 new 关键字来对数组进行空间的分配，语法格式如下：

```
数组名称 = new 数据类型 [ 数组长度 ];
```

其中的数组长度即数组中元素的可存放数量，即大于 0 的整数。

例如：

```
1 int[] scores = new int[10];
2 double[] heights = new double[20];
3 String[] names = new String[10];
```

声明数组时也可以进行空间分配的工作，语法格式如下：

```
数据类型 [] 数组名 = new 数据类型 [ 数组长度 ];
```

完成数组大小的声明后，便无法再修改。

5.1.3 一维数组的初始化

数组的初始化赋值可以与声明同时进行，也可以在声明之后进行。初始化时需要用大括号“{”将全部元素括住，且每一个元素之间应用英文状态下的逗号隔开，元素在大括号中的排列顺序与各数据项的先后顺序是一致的。初始化主要有两种方式：静态初始化和动态初始化。

1.静态初始化

静态初始化，即数组在声明的同时可以进行赋值。例如：

```
int[] num = {10,20,30,40,80}
```

上面这个例子声明了一个 int 类型的数组，数组的名称为 num，数组中存储的元素数量为 5 个，数组的长度为 5。数组中的全部元素都是 int 类型，不能存储其他类型的数据。这种初始化方式一般用于对八大基本数据类型的数组进行初始化赋值，但严格来说，所有数据类型的数组都可以依靠这种方式进行初始化。

八大基本数据类型数组初始化举例及相关说明：

```
1 // byte 类型数组
2 byte[] bytes = {3, ‘1’, 20, 45, 23, 33, 100, -18};
3 // short 类型数组
4 short[] shorts = {1, 10, -10, 40, 53, 33};
5 // int 类型数组
6 int[] ints = {40, -81, 220, 14, -23, 3};
7 //long 类型数组
```

```
 8 long[] longs = {0L, 1L, 0L, 5L, 120L};
 9 // float 类型数组
10 float[] floats = {13.56F, 100.84F, 2.39F};
11 // double 类型数组
12 double[] doubles = {58.362, 12.32, 24124.486};
13 // char 类型数组
14 char[] chars = { 'C' , 'H' , 'A' , 'R' , 'S' };
15 // boolean 类型数组
16 boolean[] booleans = {false, true};
```

2.动态初始化

动态初始化，是数组在声明时，利用 new 关键字开辟空间，指定数组长度，然后为每个元素赋值。例如：

```
String[] str = new String[8]
```

上述例子声明了一个 String 类型的数组，数组名称是 str，声明数组与进行初始化赋值同步进行，分配一个能存储 8 个元素的内存空间，这种内存空间仅能存储 String 类型的数据项。其中，关键字“new”代表分配内存空间，后面是内存空间可以存储的数据类型，和数组类型要保持一致，最后声明存储空间的大小，即可以存储多少个元素，存储长度大小值用“[]”括住。这种初始化方式适用于八大基本数据类型之外的所有引用数据类型，但需要预先声明数组对象，或者在声明的同时进行初始化。

引用数据类型数组初始化举例和相关说明：

```
1 String[] strs = new String[3];      // 3 个元素的 String 类型数组
2 Object[] objs = new Object[5];      // 5 个元素的 Object 类型数组
3 Date[] dates = new Date[2];         // 2 个元素的 Date 类型数组
```

5.1.4 一维数组的访问

访问一维数组指的是对数组元素的读写操作。读写操作即借助赋值表达

式为数组元素赋值，普通变量的赋值方法其实也是这样的。读取数组元素值的方法和读取普通变量值的方法也是完全相同的。例如：

```
1 // 初始化一个 6 个元素的整形数组
2 int[] array = new int[]{1, 2, 3, 4, 5, 6};
3 // 读取 array 数组第 2 个元素的值，也就是数组下标为 1 的元素
4 System.out.println(array[1]);
```

如果想要遍历数组中的所有元素，可以借助 for 循环来完成。例如，下列语句便借助循环为 int 类型一维数组的每个元素赋于了一个 20 以内的随机正整数（包括 20），之后通过循环把各元素的值显示于控制台窗格。例如：

```
1 // 初始化一个 6 个元素的整形数组
2 int[] array = new int[]{1, 2, 3, 4, 5, 6};
3 // 读取 array 数组第 2 个元素的值，也就是数组下标为 1 的元素
4 System.out.println(array[1]);
5
6 // 初始化一个长度为 8 的，并填充数组
7 int[] a = new int[8];
8 for (int i = 0; i <= 7; i++) {
9     // 通过循环为一维数组各元素赋值为 0~20 的随机正整数
10    a[i] = (int) (Math.random() * 21);
11 }
12
13 // 输出数组元素值
14 for (int i = 0; i <= 7; i++) {
15    // 通过循环输出各元素的值到控制台
16    System.out.print(a[i] + "\t");
17 }
```

【例 5.1】创建 getArray() 与 geMax() 方法。

具体代码如下：

```
1 /**
```

```
2  * 打印输出数组中的最大值
3  *
4  * @param args
5  */
6 public static void main(String[] args) {
7     Scanner val = new Scanner(System.in);
8     System.out.print("请输入一维数组的元素个数 :");
9     // 读取用户输入的数组元素个数值
10    int num = val.nextInt();
11    // 关闭 Scanner 对象
12    val.close();
13    // 声明并实例化 int 类型的维数组 myArray
14    int[] myArray = getArray(num);
15    System.out.print("生成的数组为： ");
16    for (int i = 0; i < num; i++) {
17        // 通过循环输出 myArray 的各元素值
18        System.out.print(myArray[i] + " ");
19    }
20    // 调用 geMax() 方法获取最大值
21    System.out.println("\n 最大值为 :" + getMax(myArray));
22 }
23
24 /**
25  * 初始化一个长度为 n 的整型数组，并随机赋值
26  *
27  * @param n
28  * @return
29  */
30 public static int[] getArray(int n) {
```

```
31     int[] a = new int[n];
32     for (int i = 0; i < n; i++) {
33         // 各元素值为 1~ 100 的随机整数
34         a[i] = 1 + (int) (Math.random() * 10);
35     }
36     // 将赋值完成的数组返回给调用语句
37     return a;
38 }
39
40
41 /**
42  * 返回 int 一维数组中最大的值
43  *
44  * @param array
45  * @return
46  */
47 public static int getMax(int[] array) {
48     //max 用于存储最大值
49     int max = array[0];
50     for (int i = 1; i < array.length; i++) {
51         if (max < array[i]) {
52             max = array[i];
53         }
54     }
55     return max;
56 }
```

说明：

main() 方法负责接收用户通过键盘输入的一个字符串密码，如果密码的长度小于 6 位，要求重新输入，最多允许输入 3 次。

main() 方法把接收到的密码传递给 checkPassword() 方法，该方法会分析密码的组成。如果密码由字母、数字与符号三种类型组成，则返回字符串“high”，代表高强度密码；如果密码由任意两种类型组成，则返回“median”，代表中等强度密码；如果密码仅由一种类型组成，则返回“low”，代表弱强度密码。

5.2 数组的操作

数组的操作包括比较、填充、查找、复制、排序等。Java 提供了很多关于数组操作的方法，使用这些方法可以高效完成常用数组的操作任务。

5.2.1 比较数组

在 Java 中，需要检查两个数组是否相同的数组叫作比较数组。比较数组采用布尔值的判定方式，若相同，则抛出布尔值 true；反之，则为 false。可以使用 equalse() 方法来比较数组，语法格式如下：

```
Arrays.equalse(arrayA,arrayB);
```

- arrayA：等待比较的数组名称。
- arrayB：等待比较的数组名称。

同样，若两个数组相同则抛出 true，反之，则为 false。

【例 5.2】比较两个一维数组。

具体代码如下：

```
1 int[] a1 = {1, 2, 3, 4, 5, 6, 7, 8, 9, 0};
2 int[] a2 = new int[9];
3 // a1 与 a2 是否相等：false
4 System.out.println( “a1 compare to a2 :”  + Arrays.equals(a1, a2));
5 int[] a3 = {1, 2, 3, 4, 5, 6, 7, 8, 9, 0};
6 // a1 与 a3 是否相等：true
7 System.out.println( “a1 compare to a3 :”  + Arrays.equals(a1, a3));
```

```
8 int[] a4 = {1, 2, 3, 4, 5, 6, 7, 8, 9, 5};
9 // a1 与 a4 是否相等：false
10 System.out.println("a1 compare to a4 :" + Arrays.equals(a1,
a4));
```

运行结果：

```
false
true
false
```

5.2.2 填充数组

foreach 循环是一种 for 循环结构，它主要针对于数据序列对象的特殊格式。foreach 循环可以在不确定数组、集合等数据序列对象长度的情况下，遍历所有元素，其语法格式如下：

```
for( 循环变量 : 数组 ){
    // 循环体语句
}
```

在这些变量中，循环变量必须具有与数组相同的类型。foreach 循环在开始的时候，会将数据有序地提取出来，并将其赋给循环变量。循环体语句主要通过循环变量对数组中的数据进行处理（如求和、求最小值）。getMax() 方法可以使用 foreach 循环来实现一维数组最大值的功能，具体代码如下：

```
1 /**
2  * 返回 int 一维数组中最大的值
3  *
4  * @param array
5  * @return
6  */
7 public static int getMax(int[] array) {
```

```
8      //max 用于存储最大值
9      int max = array[0];
10     for (int i = 1; i < array.length; i++) {
11         if (max < array[i]) {
12             max = array[i];
13         }
14     }
15     return max;
16 }
```

以上 getMax() 若使用普通 for 循环结构返回最大值，就需要通过 length 属性明确数组长度，从而确定循环的次数。

5.2.3 查找数组

要想在数组中搜索想要的元素，就需要用到查找数组。查找数组一般使用两种查找算法：线性查找法和二分查找法。

1.线性查找法

线性查找法是运用 for 循环结构逐个比较查找内容，如果找到需要查找的内容，将返回到被查找内容所在的索引值，反之，则返回到特别标记值。以下是利用线性查找法中的 Search() 方法查找特定内容 key 的示例。

```
1 /**
2  * 查询整数 key 是否在整型数组 a 中，如果在，则返回 a 中对应元素的下标，如果不在，则返回 -1
3  *
4  * @param key
5  * @param a
6  * @return
7  */
8 public int search(int key, int[] a) {
```

```
9       for (int i = 0; i < a.length; i++) {
10          // 如果找到匹配的值
11          if (a[i] == key) {
12              // 返回该值所在的索引，并退出方法
13              return i;
14          }
15      }
16      // 程序能执行到此处表示前面未找到匹配的值，此时返回 -1
17      return -1;
18 }
```

2.二分查找法

同样，二分查找法也是一种对数组中的元素进行查找的方法。使用该方法的前提是对数组已经执行了升序或降序的操作，若已经进行了该操作，再将查找内容与数组中间元素进行比较。

（1）若被查找的内容小于数组的中间元素，则只需要继续查找前一半元素中的内容。

（2）若被查找的内容大于数组的中间元素，则只需要继续查找后一半元素中的内容。

（3）若被查找的内容等于数组的中间元素，则成功匹配，结束查找。

（4）每次比较后，会向前或向后移动一位查找范围的终点或起点，重新与新的中间元素比较，直到查找范围为零。

很明显，二分查找法只查找前一半或后一半元素，这使得它效率更高。

以下是采用二分查找法中的 halfSearch() 方法查找指定内容 key 的示例。被查找值 key 已执行升序操作，若找到则返回 key 所在的索引，否则将返回特别标记值 -1。

```
1 /**
2  * 二分查找
3  *
```

```
 4  * @param arr 数组
 5  * @param key 待查找的元素
 6  * @return 关键字位置
 7  */
 8 public static int commonBinarySearch(int[] arr, int key) {
 9     int low = 0;
10     int high = arr.length - 1;
11     // 定义 middle
12     int middle = 0;
13
14     if (key < arr[low] || key > arr[high] || low > high) {
15         return -1;
16     }
17
18     while (low <= high) {
19         middle = (low + high) / 2;
20         if (arr[middle] > key) {
21             // 比关键字大则关键字在左区域
22             high = middle - 1;
23         } else if (arr[middle] < key) {
24             // 比关键字小则关键字在右区域
25             low = middle + 1;
26         } else {
27             return middle;
28         }
29     }
30     // 没有找到，则返回 -1
31     return -1;
32 }
```

5.2.4 复制数组

在 Java 中，复制数组能够复制数组内的数值，它一般使用 System 中的 arraycopy() 方法来执行复制数组操作。arraycopy() 方法的语法格式如下：

```
System.arraycopy (arrayA,0,arrayB,0,a.length);
```

- array A：来源数组名称。
- 0：来源数组起始位置。
- array B：目的数组名称。
- 0：目的数组起始位置。
- a.length：来源数组被复制的元素数量。

arraycopy() 方法有一定的不足，因此，可以对其进行改写，强化其功能，使数组内的任何元素都能被它复制。具体格式如下：

```
System.arraycopy(arrayA,2,array,3,3);
```

- array A：来源数组名称。
- 2：来源数组起始位置的第 2 个元素。
- array B：目的数组名称。
- 3：目的数组起始位置的第 3 个元素。
- 3,3：从来源数组第 2 个元素开始复制 3 个元素。

【例 5.3】复制一维数组中的元素。

具体代码如下：

```
1 // 定义 int 类型变量 x
2 int x;
3 // 定义 int 类型数组 Y 并赋值
4 int y[] = {6, 5, 4, 3, 2, 1};
5 // 开始复制数组
6 System.arraycopy(y, 0, y, 0, y.length);
7 // 遍历输出数组 Y 中的元素
8 for (x = 0; x < y.length; x++) {
```

```
 9     System.out.print(y[x] + " ");
10 }
```

运行效果：

```
6 5 4 3 2 1
```

5.2.5 数组排序

在 Java 中，要想对数组中的元素进行排序，就要用到排序数组。排序数组一般通过 sort() 方法进行排序，遵循默认的排序规则。sort() 方法的语法格式如下：

```
Arrays.sort (a);
```

◆参数 a：等待排序的数组名称。

以下示例代码将演示 sort() 方法的具体使用步骤。

【例 5.4】使用 sort() 排序数组内元素。

具体代码如下：

```
1 // 初始化数组 a 的元素，
2 String[] a = new String[]{ "123" ， "XYZ" ， "abc" ， "256" };
3 // 对数组 a 中的元素进行排序
4 Arrays.sort(a);
5 // 打印输出排序后的结果 : [123, 256, XYZ, abc]
6 System.out.println(Arrays.asList(a));
```

Chapter

06

第 6 章 集合框架

导读

学习Java还必须学习集合类的使用。集合是Java以库的形式提供给开发人员的各类数据结构。集合类就像一个容器一样，存储着Java各种类的对象。本章将详细介绍集合类中最为核心的接口——Collection接口和Map接口。通过本章的学习，读者可以快速掌握集合类核心接口的使用方法。

学习要点：★了解集合框架

★掌握Collection接口的使用方法

★掌握List接口的使用方法

★掌握Set接口的使用方法

★掌握Map接口的使用方法

6.1 集合框架概述

Java 提供了一个集合类，能够很便捷地实现各种数据结构操作。

我们常用的多个对象数据一般是通过数组来存储和执行的。然而，在实际应用过程中，数组也存在着一定的缺陷：第一，数组的长度是固定的。在建立数组对象数据时，必须指定数组的长度。但在数据未确定的情况下，数组的长度就会很难设定。第二，数组的存储效率相对较低。由于数组通过在内存中分配连续空间的方式进行存储，这使得数组在执行频繁插入和删除操作时，效率较低。

与数组相比，Java 集合具有更多的灵活性和更高的开发效率，从而弥补了数组的不足。在 Java 的集合类里面，提供了两种最为核心的接口：Collection 接口和 Map 接口。Collection 用来存储一组对象，而 Map 用来存储键值对的对象。

Collection 接口由三个字接口构成，分别是 Set、List 和 Queue，它是最基础的集合类接口。Collection 接口中所定义的方法对于这三个子接口来说都是通用的。Collection 接口中定义的方法如表 6-1 所示。

表 6-1

方法声明	功能描述
boolean add(E e)	将对象添加入集合
boolean remove(Object o)	从这个集合中移除指定元素的一个实例
void clear()	从这个集合中移除所有的元素
Iterator<E> iterator()	返回此集合中的元素的迭代器

续表

int size()	返回此集合中的元素的数目
Object[] toArray()	返回包含此集合中所有元素的数组
boolean contains(Object o)	返回 true, 当且仅当这个集合包含至少一个元素

6.2 Collection

Collection 接口用来表示任一对象或元素组，要想采用常规方法操作元素组，可以选择该接口。在本节中将会对 Collection 接口和 Iterator 接口的基础知识进行详细的说明。

6.2.1 Collection概述

Collection 接口的主要功能方法如下所示：

1.单元素的添加、删除功能

（1）boolean add (Object o)：给集合添加一个元素。

（2）boolean remove (Object o)：若集合中的对象与 o 相匹配，则将其删除。

2.查询功能

（1）int size()：元素的个数。

（2）boolean isEmpty()：判断集合是否为空。

（3）boolean contains (Object o)：查找集合中是否包含指定的元素。

（4）Iterator iterator()：迭代器，集合的专用遍历方式。

3.组功能（作用于元素组或整个集合）

（1）boolean containsAll (Collection c)：判断当前集合中是否包含 c 中

所有的元素。

（2）boolean addAll (Collection c)：将 c 中包含的所有元素添加到当前集合中。

（3）void clear()：清空集合元素。

（4）void removeAll (Collection c)：从当前集合中删除包含在c中的元素。

（5）void retainAll (Collection o)：从当前集合中删除不包含在 c 中的元素。

4.把集合转换为数组

（1）Object[] toArray()：返回到一个内含集合所有元素的 array。

（2）Object[] toArray (Object[] a)：返回到一个内含集合所有元素的 array。运行期间返回的 array 与参数 a 的类型相同。

此外，集合还可以转化成任意一个对象数组。但是，由于集合必须持有对象，所以不可以直接将其转换成基本数据类型的数组。

要想一个接口实现，就必须能够实现所有的接口方法，因此，调用程序就需要验证可选方法是否受支持。若验证一种可选方法时抛出 Unsupported Operation Exception 异常，表示该可选方法不受支持。该异常类继承 Runtime Exception 类，能够避免将所有集合操作放入 try–catch 块。

6.2.2 Iterator类

Collection 接口中的 iterator() 方法返回一个 Iterator 接口。然后通过 Iterator 接口方法实现集合的遍历，并从 Collection 中安全地删除元素。

Iterator 接口的主要方法如下所示。

（1）boolean hasNext()：判断 Iterator 中是否存在可访问的元素，若存在可访问的元素，则返回 true。

（2）Obicet next()：返回下一个将要访问的集合元素，若已经到了集合的末尾，则抛出一个 NoSuchElementException 异常。

（3）void remove()：删除上一个访问的对象，这个方法必须紧跟 Object next() 方法之后。

在 Iterator 接口中执行删除操作会影响到底层 Collection。迭代器能够快速修复故障，也就是说，在 Iterator 接口遍历集合时另一个线程修改底层集

合，将会造成 Iterator 接口抛出一个 ConcurrentModificationException 异常，造成失败。

6.3 List

List 接口继承和拓展了 Collection 接口，它表示具有顺序的集合，其中可以包含重复元素。List 接口不但可以对列表中的元素精确处理，而且增加了面向位置的操作。在这一节，我们将对 Java 语言中的 List 接口进行详细的介绍。

6.3.1 List概述

作为 Collection 的子接口，List 接口提供了一种线性表的数据结构。该接口是有顺序的集合，可以对列表中每个元素的插入位置进行精确的控制，它储存的全部元素都可以通过类似数组下标的方式访问。List 也可以存储相同元素。List 接口的主要方法如表 6-2 所示。

表 6-2

方法声明	功能描述
void add(int index, E element)	在列表中指定的位置上插入指定的元素
E remove(int index)	移除此列表中指定位置的元素
E get(int index)	返回此列表中指定位置的元素
E set(int index,E element)	用指定元素替换此列表中指定位置的元素
List subList(intfromIndex,int toIndex)	返回从索引 fromIndex 到 toIndex 处所有元素集合组成的子集合
int indexOfObject o)	返回此列表中指定元素的第一个出现的索引

6.3.2 ArrayList类

数组的长度是固定的，需要根据数据进行设定。因此，在数据未确定的情况下，数组就难以执行操作。而 ArrayList 恰好能够动态地改变存储长度，还能利用 ArrayList 类提供的多种方法对数据进行删除、添加、排序、查找等操作。ArrayList 就像一个动态数组，它位于 java.util 工具包文件中，使用 import 语句将其导入当前 Java 项目中即可使用。（一般可使用 import java.util.* 导入工具包中所有类）。

1.声明ArrayList对象

不需要指定长度，只需要采用按需设置的方法来初始化对象的容量，它的语法格式如下：

```
ArrayList[< 引用数据类型 >] 对象名 = new ArrayList[< 引用数据类型 >]
([ 长度值 ]);
```

（1）引用数据类型（可选）用于解释 ArrayList 中各元素的数据类型。值得注意的是，此处不能是基本数据类型，只能是引用数据类型。

（2）若想要在 ArrayList 中储存多种数据类型，可将其中的引用数据类型设置成 Object。在 Java 中，Object 是根类型，它可以衍生出任何其他类型。如果省略引用数据类型，则默认为 Object 类型。

（3）长度值（可选）是取值大于零的整数，它可以说明 ArrayList 的容量。当长度值被省略时，ArayList 的长度可以自行扩展。

例如：

```
1 // 声明一个 ArrayList 对象 list1
2 ArrayList list1 = new ArrayList();
3 // 声明一个整型的 ArrayList 对象 list2
4 ArrayList<Integer> list2 = new ArrayList<Integer>();
5 // 声明一个包含 5 个元素的 String 类型 ArrayList 对象 list3
6 ArrayList<String> list3 = new ArrayList<String>(5);
```

在声明 ArrayList 对象时，如果将引用数据类型项省略，在 Eclipse 环境中编辑器会给出一个不影响程序运行的警告（NetBeans 环境中没有此警告），所以最好能明确要使用的数据类型。

2.为ArrayList对象赋值

add() 方法可以为 ArrayList 对象赋值，它可以在 ArrayList 对象的结尾或指定索引处插入一个新元素并赋予指定值。其语法格式如下：

```
ArrayList 对象名 .add([ 索引值 ,] 值 );    // 省略索引值则表示将新元素添加到对象的结尾
```

例如：

```
1 // 声明一个 ArrayList 对象 list
2 List<Integer> list = new ArrayList<>();
3 // 向 list 尾部添加一个新元素并赋以整数值 7，方法返回值为 boolean 型
4 boolean isOK = list.add(6);
5 // 在索引值为 0 处插入一个新元素并赋值 7，原有元素依次后移，方法无返回值
6 list.add(0, 7);
```

3.访问ArrayList对象

要想访问 ArrayList 对象，既能使用 get(index) 方法，也能使用 for、do 循环或 foreach 语句。例如：

```
1 // 声明 ArrayList 对象 MyList
2 ArrayList<String> list = new ArrayList<String>();
3 // 为 list 对象的各元素赋值
4 list.add( "李明" );
5 list.add( "东华大学" );
6 list.add( "1234" );
7 list.add( "liming@donghua.edu.cn" );
8 // 输出 list 中索引值为 1 的元素值（输出 "东华大学" ）
9 System.out.println(list.get(1));
```

```
10 // 使用 foreach 循环遍历 list 所有元素
11 for (String e : list) {
12     // 将各元素值依次显示到控制台窗格（用 Tab 制表符分隔）
13     System.out.print(e + "\t");
14 }
```

6.4 Set

Set 接口也是 Collection 的子接口，但与 List 接口不同的是，它不允许元素的重复。同时，Set 接口并不能保证迭代顺序恒久不变，它是无序的。Set 接口下面有两个实现类：HashSet 类和 TreeSet 类。

6.4.1 HashSet类

HashSet 是基于 HashMap 实现的。当 HashSet 存储元素时，会采用对象的 hashCode() 方法计算出哈希值，并根据哈希值确定元素的存储位置。使用 HashSet 能够快速地存取集合中的元素，效率非常高。它会根据 hashCode() 和 equals() 来判断是否是同一个对象，如果 hashcode 的值一样，并且 equals 返回结果为 true，则是同一个对象，不能重复存放。

Set 接口与 List 接口存取元素的方法相似。

【例 6.1】使用 HashSet 类存储元素。

具体代码如下：

```
1 import java.util.HashSet;
2 import java.util.Iterator;
3
4 public class HashSetTest {
```

```
 5     public static void main(String[] args) {
 6         HashSet<String> hashSet = new HashSet<String>();
 7         hashSet.add("ONE");
 8         hashSet.add("TWO");
 9         hashSet.add("THREE");
10         hashSet.add("ONE");
11         hashSet.add("FOUR");
12         hashSet.add("FIVE");
13         // 打印输出 hashSet：[FOUR, ONE, TWO, THREE, FIVE]
14         System.out.println(hashSet);
15         // true
16         System.out.println(" 集合里是否包含 TWO:" + hashSet.
contains("TWO"));
17         hashSet.remove("FIVE");
18         System.out.println(" 遍历 HashSet: ");
19         Iterator<String> iterator = hashSet.iterator();
20         // 打印输出 hashSet 剩余元素：FOUR ONE TWO THREE
21         while (iterator.hasNext()) {
22             System.out.print(iterator.next() + "\t");
23         }
24     }
25 }
```

运行结果：

```
[FIVE, ONE, FOUR, TWO, THREE]
集合里是否包含 TWO:true
遍历 HashSet:
ONE    FOUR    TWO    THREE
```

在例 6.1 中，如果将两个“ONE”字串插入到 Set 接口中，那么该接口最后将只剩下一个字串；同时，Set 中存储的字符串和插入的字符串序列并不相同，该接口有其自身的排序算法。

【例 6.2】使用 HashSet 类判断重复元素。

具体代码如下：

```
1  public static void main(String[] args) {
2       HashSet<String> nameHashSet = new HashSet<String>();
3       nameHashSet.add(" 张三 ");
4       nameHashSet.add(" 李四 ");
5       nameHashSet.add(" 王五 ");
6       nameHashSet.add(" 张三 ");
7       Iterator<String> iterator = nameHashSet.iterator();
8       // 输出 nameHashSet 中的值：李四    张三    王五
9       while (iterator.hasNext()) {
10          System.out.print(((String) iterator.next()) + "\t");
11      }
12 }
```

运行结果：

```
李四    张三    王五
```

6.4.2 TreeSet类

TreeSet 是基于 TreeMap 实现的，它是有序的，支持根据创建 TreeSet 时提供的 compareTo() 进行排序。同时，它也是一个无重复元素的合集，compareTo() 方法是保证其不重复的关键。

【例 6.3】验证 TreeSet 集合中元素的有序性。

具体代码如下：

```
1  TreeSet<String> treeSet = new TreeSet<String>();
2  treeSet.add("zhangsan");
```

```
3  treeSet.add("lisi");
4  treeSet.add("wangwu");
5  treeSet.add("001");
6  treeSet.add("003");
7  treeSet.add("002");
8
9  Iterator<String> iterator = treeSet.iterator();
10 // 打印输出结果：001   002   003   zhangsan lisi wangwu
11 while (iterator.hasNext()) {
12    System.out.print(iterator.next().toString() + "\t");
13 }
```

运行结果：

```
001   002   003   zhangsan lisi wangwu
```

在示例 6.3 中，String 类实现了 Comparable 接口，因此，这些元素是依据字母顺序有序地排列的。

6.5 Map

Map 接口用于保存具有映射关系的数据，因此在 Map 集合里保存了两组值，一组值用于保存 Map 里的 key，另外一组值用于保存 Map 里的 value。当在该集合中访问元素时，指定 key 的值，就能得到映射的 value 的值。

6.5.1 Map接口定义的常用方法

Map 接口定义的常用方法如表 6-3 所示。

表 6-3

方法声明	功能描述
void clear( )	从集合中移除所有的映射

续表

V put(K key, V value)	将指定的值与此映射中的指定键关联
V get(Object key)	返回指定的键映射的值
boolean containsKey(Object key)	如果此集合包含指定键的映射，则返回 true
boolean containsValue(Object value)	如果此集合包含指定将一个或多个键映射到值，则返回 true
Collection<V> values( )	返回此集合中包含的值的 Collection 集合
Set<K> keySet( )	返回此集合中包含的键的 Set 集合

TreeMap 与 HashMap 都是 Map 的子接口，TreeMap 中的映射关系具有固定的顺序，调用它可得到一个有序的集合；而 HashMap 是无序的，它主要通过 hashCode() 方法查找其内部的映射关系，因此，在添加和删除操作方面，HashMap 效率较高。

6.5.2 HashMap类

HashMap 是 Map 的子接口，并扩展了 AbsAbstractMap 类。它主要用来存储键值对的映射关系，但要保证其中无重复合集。由于它主要通过散列表实现映射关系，所以一些基本操作方法的运行时间是恒定的。

【例 6.4】向 Map 集合添加键值对元素，查找并输出。

具体代码如下：

```
1 Map<String, String> map = new HashMap<String, String>();
2 map.put("China", "BeiJing");
3 map.put("Greece", "Athens");
4 System.out.println(" 共有 " + map.size() + " 个国家 ");
5 System.out.println(map);
6 System.out.println("China 的首都是 " + map.get("China"));
```

运行结果：

```
共有 3 个国家
{Greece=Athens, China=BeiJing, Germany=Berlin)
```

```
China 的首都是 BeiJing
```

在 HashMap 类中添加键值对之后，通常情况下，只要查询关键词，就能得到相应的值，比如，根据学号返回学生名称，根据邮编返回地区名等。

在 Map 接口中，KeySet() 方法能够以 Set 集合的形式返回 Map 中的所有键。利用 Set 集合中 Iterator 接口遍历所有键，可以得到每个键对应的值。

【例 6.5】输出 Map 集合的所有键及对应的值。

具体代码如下：

```
 1 Map<String, String> map = new HashMap<String, String>();
 2 map.put( "China" , "BeiJing" );
 3 map.put( "Greece" , "Athens" );
 4
 5 Set<String> coun = map.keySet();
 6 System.out.println( "Map 内的所有键值对如下 :" );
 7 Iterator<String> keys = coun.iterator();
 8 while (keys.hasNext()) {
 9     String key = keys.next();
10       System.out.println( "key=" + key + " value=" + map.
get(key));
11 }
```

运行结果：

```
key=Greece value=Athens
key=China value=BeiJing
```

6.5.3 Properties类

Properties 类是以键值对的方式存储字符串类型的，通常存储应用程序的配置信息，如用户的设置信息。

Properties 类继承于 HashTable，它可以保存在输入流中，也可以在输入流中加载。

Properties 类的方法主要有以下几种。

（1）getProperty (String key)：用指定的键在此属性列表中搜索属性，也就是通过参数 key，得到 key 所对应的 value。

（2）load(InputStream inStream)：从输入流中读取属性列表（键和元素对）。通过对指定的文件进行装载来获取该文件中的所有键值对，以供 getProperty(Stringkey) 来搜索。

（3）setProperty(String key, String value)：调用 Hashtable 的方法 put。它通过调用基类的 put 方法来设置键值对。

（4）store(OutputStream out, String comments)：以适合使用 load 方法加载到 Properties 表中的格式，将此 Properties 表中的属性列表（键和元素对）写入输出流。与 load 方法相反，该方法将键值对写入指定的文件中。

（5）clear()：清除所有装载的键值对，该方法在基类中提供。

（6）Enumeration<?> propertyNames()：返回 Properties 类中的 key 值。

【例 6.6】使用 setProperty() 和 getgetProperty() 方法存取键值对信息。

具体代码如下：

```
 1 Properties properties = new Properties();
 2 properties.setProperty(“color”, “red”);
 3 properties.setProperty(“size”, “15px”);
 4 properties.setProperty(“name”, “黑体”);
 5 Enumeration names = properties.propertyNames();// 获取 Enumeration
对象所有键的枚举
 6 while (names.hasMoreElements()) {
 7       String key = (String) names.nextElement();
 8       String value = properties.getProperty(key);// 获取对应键的值
 9       System.out.println(key + “=” + value);
10 }
```

运行结果：

```
color=red
name= 黑体
size=15px
```

Chapter

07

第 7 章

面向对象

导读 ▷

Java是一种面向对象的编程语言，面向对象设计以类为基础。本章将详细介绍面向对象的基础知识和使用方法。通过本章的学习，读者可以快速了解面向对象程序设计的方法。

学习要点：★了解面向对象的概念和基本特性

★掌握类的定义、创建和方法

★了解修饰符

★掌握对象的定义、创建、初始化、引用、清除等

★掌握字段和方法的封装

★掌握类的继承

★掌握实现多态的方法

7.1 面向对象概述

从目前的程序设计方法来看，面向对象是主流方法之一。

7.1.1 面向对象的概念

面向对象的程序设计方法是一种运用类、对象、封装、继承等概念来构造计算机程序的方法。它以真实世界中客观存在的事物（对象）为基础构建软件系统，并尽可能地使用人类的思维方式。面向对象的程序设计方法，能够帮助开发人员开发出更系统的、性能优良的程序系统。

而 Java 正贯穿了面向对象的程序设计思想，它不仅具有完备的对象模型、庞大的 Java 类库，还有一整套面向对象的解决方法和架构。

7.1.2 面向对象的基本特性

封装、继承、多态是面向对象程序设计方法的基本特性。

1.封装

把对象的属性和行为封装在一个逻辑单元里，并只能通过用户接口实现访问的方式就叫作封装。因此，只要用户接口不发生改变，即使逻辑单元内部发生任何改变都不会对系统其余部分产生影响。可见，封装不仅能保护对象属性，也能提高系统的可维护性。

2.继承

继承是一种机制，它可以使子类在不同类之间，自动共享父类的数据结构和方法。我们可以在已有类的基础上对一个新的类进行定义和实现，这样，不仅能将已有类定义的内容归为己有，也能增加自身的数据和操作数据的方法。

3.多态

多态就是将相同的函数或操作作用于不同类型对象上所获得的结果，产

生的结果一般是不同的。多态分为两种类型：一是方法名称，即多个一样名称的方法，不可以接收相同的消息类型；二是与继承相关，即不同类型的对象调用相同的方法，会有不同的效果。

7.2 类

类是一种载体，它承载着存在的代码，同样，类结构中也限定了大部分的代码语句。类也被称为类模板，作为一种程序设计结构，它代表了相同类型的事物中共同属性的抽象集合。在 Java 中，类不仅是代码单元，也是模块单元，能够代表一个功能模块。

7.2.1 类的定义

以下是在 Java 中定义类的语法格式。

```
[ 修饰符 ] class 类名
{
        零个到多个构造器的定义 ...
        零个到多个属性 ...
        零个到多个方法 ...
}
```

如上所示，要想满足 Java 的语法要求，可以分别使用 public、final、static 这三个修饰符来定义类，也可以完全不用修饰符，只需使用一个合法的标识符类名就行；但是，要想使程序可读，类名只能由一个或多个单词组成，但前提是，单词必须有意义，并且首字母要大写，多个单词不能使用任何分隔符连接。

定义类时，构造器、属性和方法是最常见的成员，它们可以定义多个或零个类，若定义了零个类，则代表是一个空类，并没有什么实际意义。

这三个成员并无先后顺序，可以互相调用。值得注意的是，被修饰符 static 修饰的成员没有权限对没有被 statie 修饰的成员进行访问。

以下是以 Jack 为对象，以 person 为类名的实例，其代码如下所示。

```
1  public class Person {
2      // Person 具有 age 属性
3      private int age;
4      // Person 具有 name 属性
5      private String name;
6
7      /**
8       * Person 具有 speak 方法
9       */
10     public void speak() {
11         System.out.println( “name is”  + name);
12     }
13
14
15     /**
16      * 类及类属性和方法的使用
17      *
18      * @param args
19      */
20    public void main(String args[]) {
21       // 创建一个对象
22       Person Jack = new Person();
23       // 对象的 age 属性是 11
24       Jsck.age = 11;
25       // 对象的 name 属性是 Jack
26       Jack.name =  “Jack” ;
27       // 对象的方法是 speak
28      Jack.speak();
```

```
29        }
30 }
```

类结构有相应的属性和方法，属性用来对对象进行描述，方法则用来使对象实现某功能。以上面的代码为例，来对类、对象、属性和方法进行具体说明。

◆对象：Jack。它是代码中的对象，也代表一个具体的人。

◆类：person。代表人类。

◆属性：age 和 name。age 代表年龄为 11 岁；name 代表对象的名字为 Jack。

◆方法：speak。代表对象具有说话的功能。

7.2.2 类的创建

类的创建需要三个步骤，分别是声明类的字段成员、构造方法成员和方法成员。一个类中可以不包含字段和方法，这是因为两者是独立存在的。

以下创建了名为 Circle1 的代码，该类只包括一个 radius 字段，用来表示半径，不包括任何方法和构造方法。

```
class Circle1 {                // 使用了默认修饰符的 Circle1 类
        double radius;         // 使用了默认修饰符的、表示圆半径的 radius
字段
}
```

以下创建了名为 Circle 的代码，该类只包括能够计算圆的面积和周长的方法 getArea() 和方法 getPerimeter()，不包括任何字段和构造方法。

```
1  class Circle {
2        /**
3         * 计算圆面积
4         *
5         * @param r
6         * @return
7         */
8        double getArea(double r) {
```

```
 9             return r * r * Math.PI;
10      }
11
12      /**
13       * 计算圆周长
14       *
15       * @param r
16       * @return
17       */
18      double getPerimeter(double r) {
19             return 2 * Math.PI * r;
20      }
21 }
```

在 Eclipse 环境下，自定义类和主类既可以在同一个源文件中，也可以在不同的源文件中。应用程序中若有多个类，不管是否处于同一个源文件，都会被编译器编译到多个对应的字节码文件中，储存到子文件夹 bin 中。

该环境有两种创建自定义类的方法。

第一，直接写到主类所处的源文件。这种方法要求被写入的源文件中只能有一个可以被 public 修饰的类，同时，源文件名要和被修饰的类有相同的名称。因此，可以使用默认修饰符来创建自定义类。

第二，在主类、应用程序项目、主方法被创建后，在包资源管理器右击应用程序项目名，执行【新建】→【类】命令，然后在对话框中输入自定义类名和修饰符即可。采用这种方法创建自定义类时，创建好的自定义类会直接会被存储在以类名命名的源文件里，这个源文件和主类的源文件都会被保存在子文件夹 src 中。字节码文件被编译器编译后也会被保存到子文件夹 bin 中。

【例 7.1】创建一个以 Teacher 为名称的公有类，该类包括一个能够依据职称返回对应的 double 类型津贴值的公有方法 getSubsidy() 和 5 个公有 String 类型字段，分别是：id（编号）、name（姓名）、sex（性别）、unit（单位）和 jobTitle（职称）。设发放津贴的标准是：教授 50000 元，副教授 30000

元，其他 20000 元。

具体代码如下：

```
1 /**
2  * 声明 Teacher 类
3  */
4 public class Teacher {
5
6         // 声明类的字段成员
7         public String id, name, sex, unit, jobTitle;
8
9         /**
10         * 将津贴值返回给调用语句
11         *
12         * @return
13         */
14        public double getSubsidy() {
15            // 用于存储津贴值
16            double subsidy = 0d;
17            switch (jobTitle) {
18                case “Professor”:
19                    subsidy = 50000;
20                    break;
21                case “Vice-Professor”:
22                    subsidy = 30000;
23                    break;
24                default:
25                    subsidy = 20000;
26                    break;
27            }
```

```
28              return subsidy;
29          }
30 }
```

7.2.3 类的方法

方法表现了类或对象的行为特征，也是它们两个的重要组成部分。在Java程序语言中，类的方法和传统的结构化程序设计中的函数十分类似，它必须被定义在类里，不能独自存在于项目中。在逻辑上，方法归属于类或对象。

1.方法定义

方法定义的语法格式如下：

```
[修饰符] 方法返回值类型 方法名 [= 形参列表];
{
由零条或多条可执行语句组成的方法体
}
```

方法定义的语法格式说明如下：

◆修饰符：既能省略，也能是public、private、final、protected、abstract、static，在三个修饰符public、private、protected中，三者只能出现其一；同样，abstract与final也只能出现一个，有时，它们会和static相组合一同修饰方法。

◆方法返回值类型：返回值类型分为两种。第一，无返回值需要使用void来声明。第二，如果方法声明时指定了返回值类型，就必须在方法中使用return语句返回相应类型的值，使用这个关键字后，方法的执行将被终止。

◆方法名：方法名的第一个单词应是动词，基本上与属性命名规则相同。

◆形参列表：形参列表包含零组或多组“参数类型形参名”，每组参数用英文逗号分开，类型和名称之间需要用英文空格分开，它用于给方法定义参数。当定义方法时指定了形参列表，那么就要传入对应的参数值，参数值一般是调用方法的对象赋的值。

方法体有一定的执行顺序，在多条可执行语句当中，要先执行方法体前

的语句，后执行方法体后的语句。

在前文已经提到过方法，如在 public static void main(String args[]){} 代码中，使用的就是 main() 方法，以下代码中也定义了一些方法。

```
1 /**
2  * 定义一个无返回值的方法，方法名为 method1
3  */
4 public void method1() {
5     System.out.println( "这个是一个无返回值的方法" );
6 }
7
8 /**
9  * 定义一个有返回值的方法，方法名为 method12
10  */
11 public int method2() {
12     int variableValue = 2;
13     return variableValue;
14 }
```

2.方法调用

调用方法的语法格式如下：

```
[ 数据类型 变量名 = ][ 类对象名.] 方法名 ([ 参数列表 ]);
```

方法调用通常会用到类的对象。如在 Java 中，方法 retire() 可以通过输入一个整数来读取用户。那么在调用它时，要先创建对象 Teacher 类，再用创建的 Teacher 类对象调用方法 retire()，例如：

```
1 public class Teacher {
2     private int age;
3     private String name;
4
5     /**
```

```
6      * 是否退休
7      */
8     public boolean retire() {
9         if (age > 60){
10            return true;
11        }
12        return false;
13    }
14
15    public void main(String args[]) {
16        // 创建一个对象
17        Teacher tom = new Teacher();
18        // 对象的 age 属性是 11
19        tom.age = 35;
20        // 对象的 name 属性是 TOM
21        tom.name = “Tom”;
22        // 方法调用
23        boolean hasRetired = tom.retire();
24    }
25 }
```

值得说明的有以下几点：

（1）如果本类中存在所调用的方法时，可以省略使用类对象这一步骤（也可以省略调用语句中的“类对象名”）直接用方法名调用方法。

（2）在运用多个参数传递数据时，各参数要用英文逗号隔开。实际参数是在调用函数或过程时，传递给函数或过程的参数，简称实参。形式参数是在定义函数或过程的时候命名的参数，简称形参。

（3）从占用空间上看，只有调用方法时，形参会占用内存单元，而其余时间，形参并不占用任何存储单元。

（4）与实际参数相比，形式参数必须是被指定类型的声明变量，而实际

参数可以是常量、变量或表达式。

（5）为避免在方法调用时发生异常，实际参数中参数的类型、数量和顺序必须与形式参数相对应。

3.方法重载

方法重载是类中多个方法之间的一种统一描述，其中，多个方法必须要满足以下两个特点：第一，方法名相同；第二，方法的参数列表不同，包括参数类型不同，参数个数不同，参数的传入顺序不同。因此，凡是同一个类中的方法满足以上两种特点，这些方法就称为方法的重载。

需要注意的是：

（1）返回值并不影响方法重载。

（2）Java 具有多态性，而方法重载正体现了这一特点。

【例 7.2】声明 3 个有不同参数，名称都是“draw”的方法。

具体代码如下：

```
1 public class Drawing {
2     public void draw(int i) {
3         System.out.println(“整数的绘制方法 = “ + i);
4     }
5
6     public void draw(double f) {
7         System.out.println(“双精度类型的 – 绘制方法 = “ + f);
8     }
9
10    public void draw(String s) {
11        System.out.println(“字符串类型的 – 绘制方法 = “ + s);
12    }
13 }
```

上述代码体现了方法重载的操作。值得注意的是，方法重载具有一定的局限性，能够降低代码的可读性，因此需谨慎使用该操作。

4.构造方法

构造方法又叫构造器，用来构造类的对象。在使用某个类创建对象时，Java 就会调用这个类的构造方法。不管用户有没有定义构造方法，所有的类都会自动定义构造方法。如果用户定义了构造方法，在创建对象时就会调用新定义的构造方法，如果没有定义，在创建对象时就会调用默认的构造方法。

声明构造方法的语法格式如下：

```
[public] 类名 ([ 形式参数列表 ])
    // 方法体
}
```

构造方法的语法格式说明如下：

（1）构造方法只使用一个 public 之类的修饰符，一般多用 public。

（2）构造方法的命名与类名必须一致，否则就会发生编译错误。

（3）构造方法可以重载。

【例 7.3】在类中创建一个构造方法。

具体代码如下：

```
1  class Dog {
2      private String name;
3      private int age;
4
5      /**
6       * 构造方法
7       */
8      public Dog() {
9          System.out.println("构造方法");
10     }
11
12     /**
13      * 方法 bark（）
14      */
```

```
15      void bark() {
16          System.out.println( “这个是 bark() 方法” );
17      }
18
19      /**
20       * 方法 hungry ( )
21       */
22      void hungry() {
23          System.out.println( “这个是 hungry() 方法” );
24      }
25
26     public static void main(String[] args) {
27         Dog dog = new Dog();
28     }
29 }
```

运行结果：

```
构造方法
```

说明：

第 2 行和第 3 行分别定义 String 变量 name 和 int 类型变量 age。

第 8 行定义构造方法 Dog()，功能是打印输出文本“构造方法”。

第 15 行定义普通方法 bark()，功能是打印输出文本“这个是 bark() 方法”。

第 20 行定义普通方法 hungry()，功能是打印输出文本“这个是 hungry() 方法”。

第 27 行创建对象 Dog，这里虽然没有明确调用第 8 行、第 15 行、第 20 行定义的 3 个方法，但是在类实例化的过程中 Java 自动执行构造方法，不需要我们手动调用。

5.this关键字

当前对象是正在执行方法时所属的对象，而关键字 this 就代表了该对象。

当对成员变量使用 this 关键字时，如果成员变量被方法屏蔽，this 关键字可以将其调用。其语法格式如下：

```
this. 成员
```

例如：

```
1  class Point {
2      // 声明公共成员变量 x
3      public int x = 0;
4      // 声明公共成员变量 y
5      public int y = 0;
6
7      // 构造方法
8      public Point(int x, int y) {
9          // 初始化成员变量 x 值
10         this.x = x;
11         // 初始化成员变量 y 值
12         this.y = y;
13     }
14 }
```

以上示例也可以写成下面的形式。

```
1  class Point {
2      // 声明公共成员变量
3      private int x = 0;
4      // 声明公共成员变量
5      public int y = 0;
6
7      // 构造方法
8      private Point(int x, int y) {
9          // 初始化成员变量 x 的值，this 代表当前的对象实例
10         this.x = x;
11         // 初始化成员变量 y 的值，this 代表当前的对象实例
```

```
12        this.y = y;
13    }
14 }
```

以上代码的构造方法屏蔽了两个变量 x、y。方法体内部这两个变量就是方法参数列表里的两个变量 x 和 y。它们是通过“this”进行调用的，如调用变量 x 可以通过“this.x”调用得到。

当对构造方法使用 this 关键字时，同一个类中的其他构造方法也可以被 this 关键字调用。其语法格式如下：

```
this([ 参数 ]);
```

【例 7.4】用 this 关键字方法实现 Rectangle 类。

具体代码如下：

```
 1 class Rectangle {
 2     // 声明 private 类型的成员变量，代表矩形左上角的点
 3     private int x, y;
 4 
 5     // 声明 private 类型的成员变量，代表矩形的宽和长
 6     private int width, length;
 7 
 8     /**
 9      * 默认构造方法
10      */
11     public Rectangle() {
12         // 调用当前对象实例的构造方法，该方法有 4 个参数
13         this(1, 2, 3, 4);
14     }
15 
16     /**
17      * 有参数的构造方法
18      *
```

```
19       * @param width
20       * @param length
21       */
22      public Rectangle(int width, int length) {
23          // 调用当前对象实例的构造方法，该方法有 4 个参数
24          this(1, 2, width, length);
25      }
26
27      /**
28       * 有参数的构造方法
29       *
30       * @param width
31       * @param length
32       */
33      public Rectangle(int x, int y, int width, int length) {
34          // 初始化当前对象实例的成员变量 x
35          this.x = x;
36          // 初始化当前对象实例的成员变量 y
37          this.y = y;
38          // 初始化当前对象实例的成员变量 width
39          this.width = width;
40          // 初始化当前对象实例的成员变量 length
41          this.length = length;
42      }
43  }
```

从以上代码中可以看到，类中包含的每个构造方法都会对 Rectangle 的成员变量进行初始化。

在没有初始值的情况下，构造方法会进行赋值。如下所示：

```
1  public Rectangle() {
```

```
2       this(1, 2, 3, 4);
3 }
```

以上代码中，默认的构造方法共调用了有 4 个参数的构造方法，并为 4 个参数默认赋值。再如：

```
1 public Rectangle(int width, int length) {
2       this(1, 2, width, length);
3 }
```

以上代码中，有 2 个参数的构造方法调用了有 4 个参数的构造方法，并为参数列表中前 2 个参数赋值 1 和 2。

7.3 修饰符

在 Java 中，修饰符可以严格限定访问权限。其实，前文曾对修饰符的相关知识有所涉及。在这一部分，我们将对修饰符的基本知识进行更详细的说明。

7.3.1 访问权限修饰符

在 Java 中，访问权限修饰符一般用于对类与对象的封装。同时，它还可以声明和控制类、属性和方法。

在 Java 语言中，共包含四种访问权限修饰符：

◆ public：是访问权限限制最宽的修饰符。被 public 修饰的类、属性及方法不仅可以跨类访问，也可以跨包访问。

◆ private：是访问权限限制最窄的修饰符。被 private 修饰的属性以及方法只能被该类的对象访问，更不支持跨包访问。

◆ protected：是介于 public 和 private 之间的一种访问修饰。被 protected 修饰的属性及方法只能被类本身的方法和子类访问。一般地，如果 prorected 修饰符被使用在一个方法中，是想派生类重写该方法。

◆缺省：也被称为 sriendly，常被叫作“默认访问权限”或“包访问权限”。无任何修饰符时，它只支持在同一个包中进行访问。

访问权限修饰符的控制级别如表 7–1 所示。

表 7–1

修饰符	控制级别			
	同一个类中	同一个包中	派生类中	全部
public	√	√	√	√
private	√	√	√	×
缺省（默认）	√	√	×	×
proteoted	√	×	×	×

需要注意的是：一个 Java 源文件只能有一个带 public 访问权限修饰符的类声明。一个类在定义中如果有修饰符 public，那么，该类的名称要和源文件名称相同。

7.3.2 final修饰符

final 修饰符可以修饰类、变量和方法，并有以下特点：

（1）使用 final 修饰符的类称为最终类，该类不能有子类。

（2）使用 final 修饰符修饰的变量会变成常量，但是值不能被改变。

（3）使用 final 修饰符修饰的方法称为最终方法，该方法不能被覆盖。

7.3.3 static修饰符

static 表示“静态的”，该修饰符可以修饰成员变量和成员方法。

static 修饰的成员变量和成员方法习惯上称为静态变量（类变量）和静态方法（static 方法、类方法）；相反，没被 static 修饰的成员变量和成员方法被称为实例变量和实例方法（非静态方法）。

静态成员（静态方法和静态变量）也叫类成员，非静态成员（实例方法和实例变量）也叫实例成员。

7.4 对象

要想理解面向对象，关键要理解对象。面向对象的程序设计方法就是将问题分解成一系列对象，然后围绕这些对象建立数据和函数。

7.4.1 对象的定义与创建

1.对象的定义

Java 语言中，对象是系统构成的基本单位，它一般用来在系统中描述客观事物。一个对象是一组属性和对该属性执行操作的一组服务对象组成的，它是封装体。抽象地说，对象是问题域或实现域中事物的抽象形式，它表现了事物需要保存的信息和作用；对象和对象之间的联系构成一个客观世界。

类是具有共同的属性名称和行为的一组对象的抽象，而对象则是类的实例，如桌子、椅子等，它是具有状态和行为的实体。例如，电脑类就是一组对象的抽象概念，但是具体到某台电脑就是一个具体的对象，它属于电脑类。

2.对象的创建

一般，对象的创建是由关键字 new 来执行的，它可以为对象分配内存空间，对象可以在内存空间里进行方法的调用。创建对象的语法格式如下：

```
类名　对象名称 =new 类构造方法名 ()
```

【例 7.5】在类中创建对象。

具体代码如下：

```
1  public class ExampleClazz {
2      // 定义 int 类型变量 x 的初始值是 1
3      int x = 1;
4      // 定义 int 类型变量 Y 的初始值是 2
5      int y = 2;
6
```

```
7       /**
8        * 定义函数 print
9        */
10      public void print() {
11          System.out.println("x=" + x + ",y=" + y);
12      }
13
14      public static void main(String args[]) {
15          // 定义对象 clazz1
16          ExampleClazz clazz1 = new ExampleClazz();
17          // 设置对象 clazz1 x 值是 4
18          clazz1.x = 4;
19          // 设置对象 clazz1 y 值是 7
20          clazz1.y = 7;
21          // 调用函数 print()
22          clazz1.print();
23
24          // 定义对象 clazz2
25          ExampleClazz clazz2 = new ExampleClazz();
26          // 设置对象 clazz2 x 值是 5
27          clazz2.x = 5;
28          // 设置对象 clazz2 y 值是 8
29          clazz2.y = 8;
30          // 调用函数 print()
31          clazz1.print();
32      }
33 }
```

运行结果：

```
x=4,y=7
```

```
x=4,y=7
```

7.4.2 对象的初始化

对象的初始化过程实际上就是赋值的过程。声明对象和实例化之后，程序会为对象的成员变量赋值，若变量的值无显示，就赋予其默认值。

【例 7.6】访问对象的成员。

具体代码如下：

```
1 Book book1 = new Book() ;
2 Book book2 = new Book() ;
3 book1.title=" Java 编程" ;
4 book2.title=" 计算机数据结构" ;
5
6 book1.title() ;
7 book2.title() ;
```

运行结果：

```
Java 编程
计算机数据结构
```

在 Java 编程中，对象是通过“.”运算符来实现对其成员变量和方法的引用的。如例 7.6 所示，首先是 2 个 Book 类的对象被建立：book1 和 book2，通过 book1.title 和 book2.title 来引用对象里的 title 变量，并设置其值为“Java 编程”和“计算机数据结构”，最终输出相对应的值。

成员变量和成员方法的引用格式如下：

```
对象名. 成员变量名 ;
对象名. 成员方法名 ( 参数列表 );
```

7.4.3 对象的引用

以下将通过一个示例来进行对象的引用。如例 7.7 所示，Point 类和 Rectangle 类被定义。在 ObjectOperationTest 程序中，一个 Point 类对象和两个矩形类对象被创建，并使用它们的属性和方法执行了一系列操作。

【例 7.7】创建一个程序，要求在这个程序中分别创建一个 Point 对象和两个 Rectangle 对象。

具体代码如下：

```
1 /**
2  * 创建类 Point, 代表一个有 x 坐标和 y 坐标的点
3  */
4 public class Point {
5     // 声明 int 型变量 numl, 代表点的 x 坐标
6     public int num1 = 0;
7     // 声明 int 型变量 num2, 代表点的 y 坐标
8     public int num2 = 0;
9
10     // 构造方法
11     public Point(int x, int y) {
12         // 在构造方法中初始化实例变量 x 和 y
13         num1 = x;
14         num2 = y;
15     }
16 }
17
18 /**
19  * 创建类 Rectangle, 代表一个矩形
20  */
21 public class Rectangle {
22     // 声明 int 型变量 width, 代表矩形的宽
23     public int width = 0;
24     // 声明 int 型变量 length, 代表矩形的长
25     public int length = 0;
26     // 声明 1 个 Point 对象，代表 1 个点
```

```
27      public Point origin;
28
29      // 四个构造方法
30      // 默认构造方法
31      public Rectangle() {
32          // 默认创建坐标为 (0, 0) 的点
33          origin = new Point(0, 0);
34      }
35
36      // 有 1 个 Point 类型的参数的构造方法
37      public Rectangle(Point p) {
38          // 用点 P 初始化矩形左上角的点
39          origin = p;
40      }
41
42      // 有 2 个整型参数的构造方法
43      public Rectangle(int numl, int num2) {
44          // 初始化矩形左上角，坐标 (0, 0)
45          origin = new Point(0, 0);
46          // 初始化矩形的宽
47          width = numl;
48          // 初始化矩形的长
49          length = num2;
50      }
51
52      // 有 3 个参数的构造方法
53      public Rectangle(Point p, int numl, int num2) {
54          // 使用已知的 Point 对象初始化矩形左上角坐标
55          origin = p;
```

```
56          // 使用参数 numl 初始化矩形的宽
57          width = numl;
58          // 使用参数 num2 初始化矩形的长
59          length = num2;
60      }
61
62      // 移动矩形的方法
63      public void move(int numl, int num2) {
64          // 将矩形左上角点的 x 坐标改为新的值
65          origin.num1 = numl;
66          // 将矩形左上角点的 y 坐标改为新的值
67          origin.num2 = num2;
68      }
69
70      // 计算矩形面积的方法
71      public int getArea() {
72          // return 指明方法的返回值 ( 后文会详细介绍 )
73          return width * length;
74      }
75
76      // 主类，有 main0 方法
77      public class ObjectOperationTest {
78          public static void main(String[] args) {
79              // 声明并创建 1 个坐标点对象和 2 个矩形对象
80              // 创建 1 个 Point 点对象
81              Point po = new Point(11, 22);
82              // 创建 1 个使用已知的点和长、宽值的矩形对象
83              Rectangle rectangle1 = new Rectangle(po, 20, 10);
84              // 创建 1 个有默认坐标和长、宽值的矩形对象
```

```
85              Rectangle rectangle2 = new Rectangle(20, 10);
86
87              // 显示 rectanglel 的宽、长和面积
88              System.out.println( "rctanglel 的宽是 :"  + rectangle1.
width);
89              System.out.println( "rctanglel 的宽是 :"  + rectangle1.
length);
90              System.out.println( "rctanglel 的面积是 :"  + rectangle1.
getArea());
91
92              // 设置 rectangle2 的位置
93              rectangle2.origin = po;
94              // 显示 rectangle2 的位置
95             System.out.println( "rcange2 的 x 坐标是 :"  + rectangle2.
origin.num1);
96              System.out.println( "rcange2 的 y 坐标是 :"  + rectangle2.
origin.num2);
97
98              // 移动 rctangle2 并显示它的新位置
99              rectangle2.move(30, 60);
100            System.out.println( "rcange2 的 x 坐标是 :"  + rectangle2.
origin.num1);
101            System.out.println( "rcange2 的 y 坐标是 :"  + rectangle2.
origin.num2);
102         }
103     }
```

运行结果:

```
rectangle1 的宽是：20
rectangle1 的长是：10
rectangle1 的面积是：200
rectangle2 的 X 坐标是：11
rectangle2 的 Y 坐标是：22
rectangle2 的 X 坐标是：30
rectangle2 的 Y 坐标是：60
```

7.4.4 参数传递

参数的传递包括基本数据类型参数的传递和引用类型参数的传递，二者传递的结果是不一样的。

1.基本数据类型参数的传递

这种类型的传递是将基本数据类型的数据作为参数进行传递，实际参数就会将参数值传递给相应的形式参数，形式参数的任何改变都不会影响到实际参数的值。

【例 7.8】基本数据类型参数的传递。

具体代码如下：

```
1  private static int price = 10;
2
3  public static void updateValue(int price) {
4      price *= 2;
5  }
6
7  public static void main(String[] args) {
8      int p = 2;
9      System.out.println("调用前的值：" + p);
10     updateValue(p);
11     System.out.println("调用后的值：" + p);
```

```
12 }
```

运行结果：

```
调用前的值 :2
调用后的值 :2
```

基本数据类型参数的传递类似于值传递，实际参数的值不会随着形式参数的改变而改变。

2.引用类型参数的传递

引用类型参数的传递就是将引用数据类型作为参数进行传递的过程，引用数据类型包括类、数组和接口。当名称被作为形式参数进行传递时与地址传递相似，形式参数的改变会影响实际参数的值。

【例 7.9】引用类型参数的传递。

具体代码如下：

```
1 public class Book {
2     public String title = "对象";
3 
4     public String getTitle() {
5         return title;
6     }
7 }
8 
9 public class Library {
10     public void changeBookTitle(Book book) {
11         book.title = "引用类型参数的传递";
12     }
13 
14     public static void main(String[] args) {
15         Book book = new Book();
16         Library library = new Library();
```

```
17          //调用前 book 的 title 为：对象
18          System.out.println("调用前 book 的 title 为：" + book.
getTitle());
19          library.changeBookTitle(book);
20          //调用前 book 的 title 为：引用类型参数的传递
21          System.out.println("调用前 book 的 title 为：" + book.
getTitle());
22      }
23 }
```

运行结果：

```
调用前 book 的 title 为：对象
调用前 book 的 title 为：引用类型参数的传递
```

在方法调用时，该种参数传递的是地址，所以实际参数与形式参数指向同一地址，两者在方法内部的修改上也是相通的。

7.4.5 静态变量和静态方法

前文已经讲过，被修饰符 static 修饰的方法和变量就是静态方法和静态变量，两者可以使用类名和运算符“.”实现对象的方法调用和变量的访问。

【例 7.10】使用静态变量和静态方法。

具体代码如下：

```
1 /**
2  * 定义类 leijing1
3  */
4 public class StaticClazz {
5
6     // 定义静态变量 x
7     private static int x;
8     // 定义静态变量 y
```

```
9       private static int y;
10
11      // 定义函数，功能是打印
12      public void print() {
13          // 输出 x 和 y 的值
14          System.out.println( "y =  " + x +  ", y =  " + y);
15      }
16
17      public static void main(String args[]) {
18          // 定义对象 Aa
19          StaticClazz clazzA = new StaticClazz();
20          // 对象设置静态变量 X，无效
21          clazzA.x = 6;
22          // 对象设置静态变量 Y，无效
23          clazzA.y = 7;
24
25          // 类设置静态变量 x，有效
26          StaticClazz.x = 10;
27          // 类设置静态变量 Y，有效
28          StaticClazz.y = 11;
29          // 对象调用公有方法，有效
30          clazzA.print();
31
32          // 定义对象 clazzB
33          StaticClazz clazzB = new StaticClazz();
34          // 对象设置静态变量 x，无效
35          clazzB.x = 3;
36          // 对象设置静态变量 Y，无效
37          clazzB.y = 8;
```

```
38
39            // 类设置静态变量 x，有效
40            StaticClazz.x = 13;
41            // 类设置静态变量 Y, 有效
42            StaticClazz.y = 14;
43            // 对象调用公有方法，有效
44            clazzB.print();
45        }
46 }
```

运行结果：

```
y = 10, y = 11
y = 13, y = 14
```

7.5 类成员的封装

作为面向对象的特点之一，封装将对象成员作为“黑匣子”，达到了“输入为数据，输出为结果”的目的，在保证数据稳定性的同时，也为用户提供了方便。

在面向对象中，封装主要是对字段和方法成员的封装，它隐藏了内部复杂的代码，代替的仅仅是数据的输入与输出，达到了软件“高内聚，低耦合”的特性。高内聚是指类自己完成内部的数据操作细节，不需要外部的参与；低耦合是指隐藏内部复杂的通道，暴露简单的通道实现数据的输入与输出。

7.5.1 字段的封装

通常，在字段的封装时，程序会将字段的访问修饰符更改为 private，这样就无法从类外部直接引用该字段。如果外部程序要访问该字段，则它们必须使用专门的 get 或 set 方法来实现。例如：

```
1 /**
2  * 学生类
3  */
4 public class Student {
5
6     // id( 学号 )
7     private String id;
8     // major ( 专业 )
9     private String major;
10    // score ( 成绩 )
11    private int score;
12
13    // 用于为学号字段赋值
14    public void setId(String id) {
15        this.id = id;
16
17        // 取 id 第 3~4 位，决定专业名称
18        switch (this.id.substring(2, 4)) {
19            case “01”:
20                major = “物流工程”;
21                break;
22            case “02”:
23                major = “计算机科学与技术”;
24                break;
25        }
26    }
27
28    // 用于读取 id 字段
29    public String getId() {
```

```
30          return this.id;
31      }
32
33      // 用于读取 major 字段值的 getMajor() 方法
34      public String getMajor() {
35          // 判断 major 是否已赋值
36          if (this.major == null || this.major.isEmpty()) {
37              // 若 major 字段未赋值，则返回 null
38              return null;
39          } else {
40              return this.major;
41          }
42      }
43
44      /**
45       * 设置成绩
46       *
47       * @param score
48       */
49      public void setScore(int score) {
50          // 只有大于 60， 小于等于 100 的数据才能通过
51          if (score >= 60 && score <= 100) {
52              this.score = score;
53          } else {
54              System.out.println( "无效的成绩值！" );
55          }
56      }
57
58      /**
```

```
59         * 读取成绩
60         *
61         * @return
62         */
63     public int getScore() {
64         return this.score;
65     }
66 }
```

说明:

（1）Student 类的 3 个字段 id、major 和 score 都使用了 private 修饰符，只能通过对象的 setId()、getId()、getMajor()、setScore() 或 getScore() 方法进行读写操作，外部代码则无法通过类的对象直接读写。

（2）major 字段值只能在为 id 字段赋值时由 setId() 方法根据 id 字段的第 3 ~ 第 4 位为其赋上对应的值。对外部程序而言，major 字段是只读字段，无法直接为其赋值。

（3）score 字段封装后，可以通过 set 方法筛选外部程序传递过来的数据，而且需要数据合理才能赋值给 score 字段。

7.5.2 方法的封装

与字段的封装相似，方法的封装也是修饰符 private 实现的，该修饰符可以使方法不能被外部程序调用。方法的封装也称“私有方法”，一般只用于类内部的数据处理。

以下创建了一个 TriFunction 类，该类中的方法 getValue() 接收了角度值，并返回一个字符串，其中包含 sin、cos 和 tan 函数值信息。类内部的 3 个被封装的私有方法可以完成获取三角函数值的工作。

```
1 /**
2  * 三角函数类
3  */
4 public class TriFunction {
```

```
5
6       // angle 私有字段用于存储角度对应的弧度值
7       private double angle;
8
9       // 外部公开的方法，用于同时返回 3 个三角函数值的 getValue0
方法
10      public String getValue(double val) {
11          // 将角度转换成对应的弧度值
12          this.angle = Math.toRadians(val);
13          // 调用私有方法获取 3 种三角函数值，组成一个字符串表示
的结果
14          return "sin: " + getSin() + " cos: " + getCos() + " tan:
" + getTan();
15      }
16
17      /**
18       * 在类内部计算正弦函数值
19       *
20       * @return
21       */
22      private String getSin() {
23          return String.format("%.4f", Math.sin(angle));
24      }
25
26      /**
27       * 在类内部计算余弦函数值
28       *
29       * @return
30       */
```

```
31      private String getCos() {
32          return String.format("%.4f", Math.cos(angle));
33      }
34
35      /**
36       * 在类内部计算正切函数值
37       *
38       * @return
39       */
40      private String getTan() {
41          return String.format("%.4f", Math.tan(angle));
42      }
43 }
```

7.6 类的继承

继承是面向对象的又一特点。在 Java 中，继承是极其重要的，它可以重用代码，提高程序的可维护性。

7.6.1 创建类的子类

创建类的子类是通过关键字 extends 实现的。其基本声明格式如下：

```
[修饰符]class 子类名 extends 父类名
```

◆修饰符：可选值为 public、abstract 和 final，它用于指定类的访问权限。

◆子类名：子类名必须符合标识符的命名规范，首字母大写，它用于指定子类的名称。

◆父类名：用于指定即将创建的子类继承的父类。

【例 7.11】Dog 类继承 Animal 类。

具体代码如下：

```
1  public class Animal {
2      // 名称
3      String name;
4
5      public void shout() {
6          System.out.println("animal is shouting");
7      }
8  }
9
10 public class Dog extends Animal {
11     public static void main(String[] args) {
12         Dog dog = new Dog();
13         dog.name = "贵宾犬";
14         dog.shout();
15         dog.run();
16     }
17
18     void run() {
19         System.out.println("the dog is running  ");
20     }
21 }
```

从例 7.11 中可以看出，Dog 类通过 extends 关键字继承了 Animal 类，Dog 类就是 Animal 类的子类。

7.6.2 继承的原则

类的继承必须遵循以下原则：

（1）类的继承只支持单继承，也就是说，一个类只能有一个直接父类，例如：

```
1 class A {}
2 class B {}
3 // 错误
4 class C extends A,B {}
```

（2）多个类可继承同一个父类，例如：

```
1 class B extends A {}
2 // 类 B，类 C 都可以继承 A
3 class C extends A {}
```

（3）类可以实现多层继承，也就是说，一个类的父类可以再继承其他父类，例如：

```
1 class A {}
2 class B extends A {}
3 class C extends B {}
```

（4）子类不能继承被声明为 private 的成员方法和变量，但能继承父类中被声明为 public 和 protected 的成员方法和变量。

（5）子类可以继承同包中被默认修饰符（没有显示的写明修饰符）修饰的成员方法和变量。

7.6.3 super关键字

当子类隐藏了父类的成员变量后，若想在子类的变量中调用父类被隐藏的变量，就必须用到 super 关键字；同样，当子类重写了父类的方法以后，若想在子类的方法中调用父类被重写的方法，也必须用到 super 关键字。Super 的使用主要有两种。

1.在子类的构造器中调用父类的构造方法

要想在子类的构造器中调用父类的构造方法，就必须使用 super 关键字，其具体语法格式如下：

```
//调用的构造方法有参数
super( 参数列表 );
//调用的构造方法无参数
super();
```

【例 7.12】在子类中调用父类的构造方法。

具体代码如下：

```
 1 /**
 2  * 定义父类 Ren
 3  */
 4 class Person {
 5     // 定义方法
 6     public static void print(String s) {
 7         // 打印输出参数 s
 8         System.out.println(s);
 9     }
10 
11     /**
12      * 无参数的构造方法
13      */
14     Person() {
15         print("one person");
16     }
17 
18     /**
19      * 有参数的构造方法
20      *
21      * @param name
22      */
23     Person(String name) {
```

```
24              print( “person ‘s name:” + name);
25          }
26  }
27
28  /**
29   * 定义子类 American
30   */
31  class American extends Person {
32
33      /**
34       * 定义没有参数的构造方法 American
35       */
36      American() {
37          super();
38          print( “an American person” );
39      }
40
41      /**
42       * 定义有参数的构造方法 American
43       *
44       * @param name
45       */
46      American(String name) {
47          // 调用父类具有相同形参的构造函数
48          super(name);
49          // 调用父类中的方法
50          print( “his name:” + name);
51      }
52
```

```
53      /**
54       * 定义有参数的构造方法 American
55       *
56       * @param name
57       * @param age
58       */
59      American(String name, int age) {
60          // 调用当前具有相同形参的构造函数
61          this(name);
62          // 调用父类中的方法
63          print( "his age:"  + age);
64      }
65
66      public static void main(String[] args) {
67
68          American american = new American();
69          // 调用具有一个参数的构造方法
70          american = new American( "Tom" );
71          // 调用具有两个参数的构造方法
72          american = new American( "Tom" , 12);
73      }
74 }
```

运行结果：

```
one person
an American person
person' s name:Tom
his name:Tom
person' s name:Tom
his name:Tom
```

```
his age:12
```

在上述代码中，this 和 super 后面没有加点 “.” 来调用一个方法或成员，而是直接在后面加上适当的参数，所以就有了不同的意义。this 后面加参数调用的是当前具有相同参数的构造函数，如第 61 行；super 后加参数调用的是父类中具有相同参数形式的构造函数，如第 37 行和第 48 行。

2.执行被隐藏的成员变量和被覆盖的方法

使用 super 关键字也可以实现在子类中执行被隐藏的成员变量和被覆盖的方法，其具体语法格式如下：

```
super. 成员变量名
super. 成员方法名 ([ 参数列表 ])
```

【例 7.13】修改 Dog.java 中的 shout() 方法。

具体代码如下：

```
1  class Dog extends Animal {
2      Dog() {
3          super(“柴犬”, “赤红色”, 2, ‘M’);
4      }
5
6      @Override
7      public void shout() {
8          // 调用父类中的方法
9          super.shout();
10         System.out.println(this.name + “ is shouting”);
11     }
12
13     public void print() {
14          System.out.println(“这只” + name + “颜色为” + this.
color + “，今年” + +age + “岁，” + “，颜色为” + this.color + “，
性别为” + this.gender);
```

```
15      }
16 }
17
18 class TestDog {
19      public static void main(String[] args) {
20           // 定义变量
21           Dog dog = new Dog();
22           // 输出
23           dog.print();
24           // shout
25           dog.shout();
26      }
27 }
```

运行结果：

```
这只柴犬颜色为赤红色，今年 2 岁，颜色为赤红色，性别为 M
animal is shouting
柴犬 is shouting
```

7.6.4 成员变量的隐藏与方法的重写

1.成员变量的隐藏

隐藏是指子类拥有两个相同名字的变量，一个继承自父类，另一个由自己定义。在编写子类时，仍然可以声明成员变量，如果所声明的成员变量的名字和继承来的成员变量的名称相同（类型可以不同），子类就会隐藏所继承的成员变量。如果在子类中对从父类继承来的成员变量进行重新定义，就会出现子类变量对父类变量的隐藏。例如，若修改例 7.3 的 Dog.java，添加 String name，这时，子类的变量 name 就会隐藏父类变量 name，在子类中，对其进行访问就是对本地成员变量进行访问，和父类没有一定关联。

2.方法的重写

在 Java 中，有时子类并不想原封不动地继承父类的方法，而是想做一定的修改，这就需要采用方法的重写。方法重写也称方法覆盖，其规则有以下几点：

（1）可被继承的方法能够被重写。

（2）重写的方法类型要与父类的方法类型相一致或是父类方法类型的子类型。

（3）重写方法名称、参数的类型和个数必须与父类方法完全一致。

【例 7.14】修改 Dog 类。

具体代码如下：

```
1  class Dog extends Animal {
2      public static void main(String[] args) {
3          Dog dog = new Dog();
4          dog.name = “柴犬”;
5          dog.print();
6          dog.shout();
7      }
8
9      // 重写 shout 方法
10     @Override
11     public void shout() {
12         System.out.println(this.name + “ is shouting”);
13     }
14
15     public void print() {
16         System.out.println(“this dog’s name is ” + this.name);
17     }
18 }
```

运行结果：

```
this dog’s name is 柴犬
柴犬 is shouting
```

从运行结果来看，dog 类调用的 shout() 方法是子类重写的方法，若把重写的 shout() 方法改为如下定义：

```
1 public int shout () {
2 System. out.println( “dog is shoutting” ) ;
3 return 1 ;
4 }
```

那么就会造成编译错误，是因为父类的 shout() 方法没有返回值，而子类重写的 shout() 方法与父类的 shout() 方法并不一致，子类就无法隐藏继承的方法，从而造成子类出现方法名称、参数相同的情况发生。

方法的重写有以下两个目的。

（1）方法的重写可以隐藏继承的方法。通过方法重写，子类可以直接使用父类的属性与方法。

（2）方法重写可以调用继承的方法和变量或子类新声明的变量和方法，但无法调用被隐藏的变量和方法。

修改 Dog.java，重写 shout() 方法，代码如下：

```
1 public void shout() {
2       System.out.println(this.name + “is shouting”); // name 是继承的 Animal 类的属性。
3 }
```

子类在重写父类的方法时不可以降低其方法的权限。

【例 7.15】降低 shout() 方法的访问权限。

具体代码如下：

```
1 class Animal {
2     public shout() {
3           System.out.println( “it’s shouting!” );
4     }
5 }
```

```
6
7 class Cat extends Animal {
8     // 错误，降低了访问权限
9     protected shout() {
10        System.out.println( “cat is shouting!” );
11    }
12 }
```

7.6.5 根类Object

在 Java 中，Object 类是根类，即所有类的父类，所有对象（包括数组）都实现了这个类的方法和属性。但在应用中一般会将其进行重写再使用。

以下是 Object 类中常见的 6 种方法：

public final Class getClass()：返回一个对象的运行时的类。

public boolean equals(Object obj): 判断一个对象是否与参数对象相同。

public int hashCode()：返回对象的哈希值。

public String toString()：返回对象的字符串表示。

protected void finalize() throws Throwable：当垃圾收集器决定在内存中不再对一个对象引用时，会使用这个对象调用该方法。

protected Object clone() throws CloneNotSupportedException：该方法默认实现的是对象的浅拷贝，也叫浅复制。一般子类中会重写这个方法，变为深拷贝。

除此之外，Object 类还有 5 种方法主要用来同步程序的线程活动，如下：

public final void notify()。

public final void notifyAll()。

public final void wait()。

public final void wait(long timeout)。

public final void wait(long timeout, int nanos)。

对象的拷贝有浅拷贝和深拷贝。浅拷贝只是拷贝了源对象的地址，所以源对象的值发生变化时，拷贝对象的值也会发生变化。浅拷贝相当于两个对象共用一实例。深拷贝则是拷贝了源对象的所有值，所以即使源对象的值发生变化时，拷贝对象的值也不会改变。深拷贝相当于两个对象分别用两套实例。

7.7 多态

在 Java 程序设计中，引用变量指向的类型或发出的方法调用不能被确定，而在程序运行时被确定的现象被称为多态。在不更改程序编码的情况下，在程序运行时，可以对其所绑定的代码进行更改，从而使程序具有多种运行状态，即多态特性。

7.7.1 通过重载和重写实现多态

方法重载是指在同一个类中，不同的同名方法具有不同类型的参数、返回值、顺序和数值。在程序运行时，系统会根据指定的参数情况自动匹配合适的方法。方法重写是指子类根据实际需要重新改写父类继承中的原有方法。方法重写会造成同一方法在不同子类中的不同表现。

方法重载和方法重写都体现了多态性，能够使同一方法在不同的条件中有不同表现。

方法重载虽体现了多态性，但它实际是一种静态绑定，程序在编译时决定了类对象与方法之间的一对一关系。这些方法只是具有相同的名称，而不是同一种方法。所以，有很多资料上都认为真正的多态是动态绑定的，而重载不属于多态。

7.7.2 通过动态绑定实现多态

把一个方法和其所在的或对象关联起来的叫作方法的绑定。绑定分为静态绑定和动态绑定。静态绑定是指程序运行前就知道方法属于哪个类，在编

译时就可直接连接到该类，定位到这个方法。而动态绑定是指程序运行时，根据具体的实例对象确定是哪个方法，然后选择调用这个方法。

一般，动态绑定与父类和子类的向上或向下转型相关联，例如：

```
Power p = new ACPower();   // 向上转型
```

为了便于理解，可以认为 new ACPower() 是子类的匿名对象，认为 p 是父类的变量，这种转型就是向上转型。

向上转型对象在调用这个方法时可能具有多种形态，因为不同的子类在重写父类的方法时可能发生不同的行为。

【例 7.16】重写父类的方法。

具体代码如下：

```
1  class Animal {
2      void shout() {
3          System.out.println( "animal is shouting!" );
4      }
5  }
6
7  class Dog extends Animal {
8      public void shout() {
9          System.out.println( "Dog is shouting!" );
10     }
11 }
12
13 class Cat extends Animal {
14     public void shout() {
15         System.out.println( "Cat is shouting!" );
16     }
17 }
18
```

```
19 class Tester {
20     public static void main(String[] args) {
21         Animal animal1 = new Dog();
22         animal1.shout();
23         Animal animal2 = new Cat();
24         animal2.shout();
25     }
26 }
```

运行结果：

```
Dog is shouting!
Cat is shouting!
```

在程序设计时，Java 会依据 p 的声明类型对它进行处理。尽管 p 是子类的对象，但是它无法调用新的方法，只能调用所继承的方法。在程序运行时，Java 会依据 p 的实际引用对象对它进行处理，也就是说，调用的方法的实现是从子类中获取的，若子类对父类进行方法重写，那么表现的就是子类的行为。若存在多级继承方法，而且子类对父类继承的方法进行了重写，那么系统就会从下往上逐个匹配，然后操作第一个符合条件的子类所定义的方法。

很明显，通过动态绑定可以很容易地实现多态性。总而言之，多态具有三种必要条件，即继承、重写和向上转型。

Chapter

08

第 8 章

抽象类、接口与内部类

抽象类、接口都是Java中比较特殊的类。本章将详细介绍这两种比较特殊的类。通过本章的学习，读者可以快速掌握这两种特殊的类的使用方法。

学习要点：★了解抽象类和抽象方法

★掌握接口的定义、实现、引用等

★了解抽象类和接口的异同点

8.1 抽象类

在 Java 语言中，抽象方法是根据子类做具体实现的操作或行为，抽象类表达的是类与类之间的相同属性。

8.1.1 抽象方法

抽象方法是以 abstract 关键字修饰的方法，这种方法只声明返回的数据类型、方法名称和所需的参数，没有方法体，也就是说抽象方法只需要声明而不需要实现。

抽象方法的语法格式如下：

```
abstract < 方法返回值类型 > 方法名 ( 参数列表 );
```

例如：

```
abstract void move(double m，double n);
```

接口的方法与抽象方法类似，它只需要声明方法，不需要实现方法。但两者不同的是，接口的方法省略了 abstract 关键字。

8.1.2 抽象类

在面向对象的概念中，所有的对象都是通过类来描绘的，但是反过来，并不是所有的类都是用来描绘对象的，如果一个类中没有包含足够的信息来描绘一个具体的对象，这样的类就是抽象类。抽象类一般由类之间共同的特征组成。

与抽象方法相同，抽象类也是由 abstract 关键字修饰。声明抽象类的语法格式如下：

```
abstract class ClazzName{  // ClazzName 为类的名称
    // 类的实体
}
```

抽象类的特点如下：

（1）抽象方法一定在抽象类中，但抽象类中不一定有抽象方法。

（2）抽象类可以省略修饰符 abstract，但如果抽象类中包含一个抽象方法，就不能省略该修饰符。

（3）抽象类是对一些类共性的抽取，不能被实例化，但是可以使用多态实现。

（4）子类继承抽象类后，就必须实现抽象类中所有的抽象方法；如果子类不想实现父类的抽象方法，那么子类必须声明为抽象类。

（5）抽象类可以直接使用类名访问静态成员。

（6）在实现接口时，抽象类不需要实现接口的全部方法。

8.2 接口

在程序设计中，有一个元素具有和类相似的性质，那就是接口。接口可以衍生出新的类。在这一节，我们会对接口的基础知识进行更详细的介绍。

8.2.1 接口定义

在 Java 中，接口是抽象的，它是一组行为的规范和定义，并没有实现的功能。任何类都可以实现被定义的接口，并且一个类可以实现多个接口。使用接口，可以让程序更加利于变化。创建接口的语法格式如下：

```
[public] interface < 接口名 > {
    [< 常量 >]
    [< 抽象方法 > ]
}
```

创建接口的语法格式说明如下：

◆ public：修饰符。接口只能用该修饰符修饰。

◆ interface：关键字。接口需要使用关键字 interface 来声明。

◆ 接口名：与类名有同样的定义法则。

◆常量：由于接口需要具备公共性、最终的和静态的三个特点，所以它不能声明变量。

8.2.2 实现接口

接口可以为不同的类提供多种实现路径，并使这些类保持相同的对外接口。要想在类中实现接口，可以在声明类时使用关键字 implements。其语法格式如下：

```
[修饰符] class <类名称> [extends <基类名称>] [implements <接口列表>] {
    // 类实体
    // 在类中，要实现所有接口中声明的方法
}
```

Compare 对象实例是一个用于比较对象大小的接口，其声明如下：

```
public interface Compare {
    public int isCompare(Compare another);
}
```

在 Compare 接口中，声明了一个 isCompare 方法，调用这一方法的对象和方法参数中的 another 对象必须是同一类型的实例。其作用是与另一个实现了 Compare 接口类型的对象进行比较，若调用此方法的对象比方法参数中的 another 对象大则返回 1，相等则返回 0，小则返回 –1。

从理论上来说，若一个类所实例化的对象可以进行大小比较，就能实现 Compare 接口。相反，若 Compare 接口被实现，那么这个类所实例化的对象就可以比较大小。

【例 8.1】创建 RectangleModel 类并实现 Compare 接口。

具体代码如下：

```
1 interface Compare {
2     int compare(Compare other);
3 }
4
```

```
 5 /**
 6  * 正方形实体类
 7  */
 8 class RectangleModel implements Compare {
 9     // 声明接口中的属性
10     public int width = 0;
11     public int length = 0;
12     // 声明对象属性
13     public Point origin;
14 
15     /**
16      * 无参构造方法
17      */
18     public RectangleModel() {
19         // 使用默认值 (0.0) 初始化矩形左上角顶点的坐标
20         this.origin = new Point(0, 0);
21     }
22 
23     /**
24      * 带有 1 个 Point 类型参数的构造方法
25      *
26      * @param point
27      */
28     public RectangleModel(Point point) {
29         // 使用已知的点来初始化矩形左上角顶点的坐标
30         this.origin = point;
31     }
32 
33     /**
```

```
34      * 带有 2 个参数的构造方法
35      *
36      * @param x
37      * @param y
38      */
39     public RectangleModel(int x, int y) {
40         // 使用默认值 (0, 0) 初始化矩形左上角顶点的坐标
41         this.origin = new Point(0, 0);
42         // 使用已知的值 x 来初始化矩形的宽度
43         this.width = x;
44         // 使用已知的值 y 来初始化矩形的长度
45         this.length = y;
46     }
47
48     /**
49      * 带有 3 个参数的构造方法
50      *
51      * @param point
52      * @param x
53      * @param y
54      */
55     public RectangleModel(Point point, int x, int y) {
56         // 使用已知的点来初始化矩形左上角顶点的坐标
57         this.origin = point;
58         // 使用已知的值 num1 来初始化矩形的宽度
59         this.width = x;
60         // 使用已知的值 num2 来初始化矩形的长度
61         this.length = y;
62     }
```

```
63
64      /**
65       * 移动
66       *
67       * @param num1
68       * @param num2
69       */
70      public void move(int num1, int num2) {
71          // 改变矩形对象左上角顶点的坐标值
72          origin.x = num1;
73          origin.y = num2;
74      }
75
76      /**
77       * 计算面积
78       *
79       * @return
80       */
81      public int getArea() {
82          return width * length;
83      }
84
85      /**
86       * 实现接口 Compare 中声明的方法
87       *
88       * @param other
89       * @return
90       */
91      public int compare(Compare other) {
```

```
92            // 对象类型转换
93            RectangleModel otherRect = (RectangleModel) other;
94            // 如果当前对象的面积小于参数对象的面积
95            if (this.getArea() < otherRect.getArea()) {
96                // 返回 -1
97                return -1;
98                // 如果当前对象的面积大于参数对象的面积
99            } else if (this.getArea() > otherRect.getArea()) {
100               // 返回 1
101               return 1;
102           }
103
104           // 如果当前对象与参数对象的面积相等，返回 0
105           return 0;
106       }
107 }
```

编写一个含有 main() 方法的 RectanglePlusTest.java 应用程序，并采用方法 isCompare() 进行大小比较，具体代码如下：

```
1 public static void main(String[] args) {
2     // 创建实现了 Compare 接口的 RectanglePlus 对象
rectangleModel1
3     RectangleModel rectangleModel1 = new RectangleModel(3, 6);
4     // 创建实现了 Compare 接口的 RectanglePlus 对象
rectangleModel2
5     RectangleModel rectangleModel2 = new RectangleModel(4, 7);
6     // 调用接口中的方法对对象进行比较
7     int result = rectangleModel1.compare(rectangleModel2);
8     // 根据比较的结果，输出相应的信息
9     switch (result) {
```

```
10          case -1:
11              System.out.println(" 矩 形 rectangleModel1 比 矩 形
rectangleModel2 小" );
12              break;
13          case 1:
14              System.out.println(" 矩 形 rectangleModel1 比 矩 形
rectangleModel2 大" );
15              break;
16          default:
17              System.out.println(" 矩 形 rectangleModel1 与 矩 形
rectangleModel2 一样大" );
18    }
19 }
```

运行结果:

```
矩形 rectangleModel1 比矩形 rectangleModel2 小
```

由于 RectanglePlus 类实现了 Compare 接口，所以两个 RectanglePlus 对象可以在 main() 方法中比较面积的大小。

8.2.3 含默认方法的接口

在 JDK8 以前，接口中只有抽象方法，但是从 JDK8 开始，允许接口中包含具有方法体的普通方法，该方法称为“默认方法”。默认方法可以给接口增加新的方法，并且能保证对使用这个接口的老版本代码的兼容性。其语法格式如下:

```
default [public] < 返回类型 > < 方法名 > ([ 形参表 ]) {
    // 方法体
}
```

说明:

（1）带或者不带 public 关键字，其效果都是一样的，所以通常将其省略。

（2）接口 I 的子接口和实现类将自动拥有 I 的默认方法 m，子接口和实现类也可以将默认方法 m 重新声明为不带方法体的抽象方法。

（3）可以用 static 关键字替换 default 关键字，来直接通过接口名调用该默认方法。

（4）接口可以同时含有任意个数的抽象方法和默认方法。

注意：如果类 C 实现了多个接口，而且这些接口定义的都是相同的、以 default修饰的默认方法 m，那么类 C 必须重写方法 m，否则调用类 C 对象的 m方法时，就不知道调用的是哪个接口的默认方法 m。同时继承这些接口的子接口也是这样。

【例 8.2】含默认方法的接口演示。

具体代码如下：

```
1 /**
2  * 油车接口
3  */
4 interface OilCar {
5
6     /**
7      * 默认方法
8      */
9     default void fuel() {
10        System.out.println(“油车的燃料为汽油”);
11    }
12
13    /**
14     * 静态默认方法
15     */
16    static void toot() {
17        System.out.println(“油车的喇叭声为滴滴”);
18    }
```

```
19 }
20
21 /**
22  * 电动车接口
23  */
24 interface ElectricalCar {
25
26     /**
27      * 同名的默认方法
28      */
29     default void fuel() {
30         System.out.println("电车通过充电来增加行驶里程");
31     }
32
33     /**
34      * 同名的静态默认方法
35      */
36     static void toot() {
37         System.out.println("电车的喇叭声为嘟嘟");
38     }
39 }
40
41 /**
42  * 混动车接口
43  */
44 interface HybridCar extends OilCar, ElectricalCar {
45
46     /**
47      * 必须重写父接口中同名的默认方法
```

```
48        */
49       default void fuel() {
50           // 指定调用零个接口的默认方法
51           OilCar.super.fuel();
52           ElectricalCar.super.fuel();
53           System.out.println( "混动车既可以用油也可以用电");
54       }
55
56       /**
57        * 普通的默认方法
58        */
59       default void drive() {
60           System.out.println( "混动车在行驶 ..." );
61       }
62 }
63
64 /**
65  * 奔驰混动车
66  */
67 class BenzCar implements HybridCar {
68       public static void main(String[] args) {
69           HybridCar c = new BenzCar();
70           // 调用接口的默认方法
71           c.fuel();
72
73           // 调用接口的静态默认方法
74           OilCar.toot();
75           ElectricalCar.toot();
76       }
```

```
77 }
```

运行结果：

```
油车的燃料为汽油
电车通过充电来增加行驶里程
混动车即可油也可以用电
混动车在行驶...
油车的喇叭声为滴滴
电车的喇叭声为嘟嘟
```

8.2.4 接口的引用

在程序设计中，我们可以定义一个接口类型的引用变量来实现对接口的引用。被定义的引用变量可以存储一个指向对象的引用值，该对象能实现任何该接口的类的实例，用户能够使用接口调用该对象的方法，这些方法在类中必须是抽象方法。

【例 8.3】引用接口。

具体代码如下：

```
1 /**
2  * 定义接口
3  */
4 interface Add {
5 
6     /**
7      * 定义接口方法
8      *
9      * @param a
10     * @param b
11     * @return
12     */
13    int add(int a, int b);
```

```
14 }
15
16 /**
17  * 定义接口
18  */
19 interface Subtract {
20     /**
21      * 定义接口方法
22      *
23      * @param a
24      * @param b
25      * @return
26      */
27     int subtract(int a, int b);
28 }
29
30 /**
31  * 定义接口
32  */
33 interface Multiply {
34     /**
35      * 定义接口方法
36      *
37      * @param a
38      * @param b
39      * @return
40      */
41     int multiply(int a, int b);
42 }
```

```
43
44 /**
45  * 定义接口
46  */
47 interface Divide {
48     /**
49      * 定义接口方法
50      *
51      * @param a
52      * @param b
53      * @return
54      */
55     int divide(int a, int b);
56 }
57
58 /**
59  * 定义类 jiekouniu，此类维承接口 Add, Subtract, Multiply, Divide
60  */
61 class NumericalOperation implements Add, Subtract, Multiply,
Divide {
62
63     /**
64      * 实现接口方法，实现加法运算
65      *
66      * @param a
67      * @param b
68      * @return
69      */
70     public int add(int a, int b) {
```

```
71          return a + b;
72      }
73
74      /**
75       * 实现接口方法，实现减法运算
76       *
77       * @param a
78       * @param b
79       * @return
80       */
81      public int subtract(int a, int b) {
82          return a – b;
83      }
84
85      /**
86       * 实现接口方法，实现乘法运算
87       *
88       * @param a
89       * @param b
90       * @return
91       */
92      public int multiply(int a, int b) {
93          return a * b;
94      }
95
96      /**
97       * 实现接口方法，实现除法运算
98       *
99       * @param a
```

```
100      * @param b
101      * @return
102      */
103
104     public int divide(int a, int b) {
105         return a / b;
106     }
107 }
108
109 /**
110  * 测试类
111  */
112 class NumericalOperationTest {
113     public static void main(String args[]) {
114
115         // 初始化对象 NumericalOperation
116         NumericalOperation aa = new NumericalOperation();
117         // 接口引用赋值
118         Add bb = aa;
119         // 接口引用赋值
120         Subtract cc = aa;
121         // 接口引用赋值
122         Multiply dd = aa;
123         // 接口引用赋值
124         Divide ee = aa;
125
126         // 对象引用，输出求和运算结果
127         System.out.println( "a+b =  " + aa.add(1, 1));
128         // 对象引用，输出减法运算结果
```

```
129            System.out.println( "a-b =  " + aa.subtract(2, 3));
130            //对象引用， 输出乘法运算结果
131            System.out.println( "a*b =  " + aa.multiply(4, 5));
132            //对象引用，输出除法运算结果
133            System.out.println( "a/b =  " + aa.divide(6, 7));
134            //对象引用，输出求和运算结果
135            System.out.println( "a+b =  " + bb.add(8, 9));
136            //对象引用，输出减法运算结果
137            System.out.println( "a-b =  " + cc.subtract(10, 11));
138            //对象引用，输出乘法运算结果
139            System.out.println( "a+b =  " + dd.multiply(12, 13));
140            //对象引用，输出除法运算结果
141            System.out.println( "a/b =  " + ee.divide(12, 2));
142      }
143 }
```

运行结果:

```
a+b = 2
a-b = -1
a*b = 20
a/b = 0
a+b = 17
a-b = -1
a+b = 156
a/b = 6
```

8.3 抽象类与接口的比较

抽象类与接口既有其相同点，也有不同点。下面将详细介绍抽象类和接口的相同点和不同点。

8.3.1 相同点

（1）二者都不能直接实例化，如果要实例化，抽象类变量必须指向实现所有抽象方法的子类对象，接口变量必须指向实现所有接口方法的类对象。

（2）二者都可以包含抽象方法，但所包含的抽象方法必须由抽象类的子类或接口的实现类实现。

（3）二者都具有多态性。

8.3.2 不同点

总的来说，二者具有两大方面的区别。

1.定义的语法不同

（1）抽象类和接口在定义形式上非常相似，但是定义时使用的关键字不同，抽象类使用的是abstractclass关键字，而接口使用的是interface关键字。

（2）抽象类和接口中都可以包含静态成员变量，抽象类中的静态成员变量的访问类型可以是任意的；但接口中定义的成员变量只能是public、static、final类型，且不能定义常量以外的字段和构造方法。

（3）子类只能继承一个父类或抽象类，但是它可以实现多个接口。

2.设计理念层次不同

（1）本质的不同。抽象类是对整个类的抽象，而接口是对行为部分的抽象。

（2）实现类的范围不同。抽象类实现的类是具有相同特点的类，而接口却可以跨越不同的类。也就是说，抽象类是从子类中发现相同部分，然后泛化成抽象类，由子类继承该父类即可。但接口不同，实现它的子类可以不存在任何关系和共同之处。例如，狮子、老虎都属于动物类，具备叫的行为。飞机、鸟可以有飞的接口，但它们是没有共同的父类的，所以只能用接口实现。因此，抽象类是一种继承的关系，父类和子类之间存在“is-a”关系，而接口则不同，同样的方法在不同的地方可以实现完全不一样的行为，体现的是“like-a”关系。

（3）设计方式不同。抽象类要先有子类，才抽象出父类，是一种从下往上的构建法则；而接口不需要先有子类，它只需要定义一些抽象方法，可以有完全不同的行为，接口是从上向下设计出来的。

Chapter

09

第 9 章

异常与异常处理

导读 ▷

当系统出现错误或使用程序时用户输入错误数据，都会导致程序出错而非正常停止。所以，优秀的程序就必须具有强大的处理错误的能力。本章将详细讲述Java的异常处理方法。通过本章的学习，读者可以快速掌握Java处理异常的方法。

学习要点：★了解异常的概念和分类

★掌握异常处理的方法

★掌握自定义异常的方法

9.1 异常的概念和分类

Java 中的异常又称为例外，是一个在程序执行期间发生的事件，它中断正在执行程序的正常指令流。为了能够及时有效地处理程序中的运行错误，必须使用完善的异常处理机制，这可以让程序具有极好的容错性且更加健壮。

9.1.1 错误与异常

错误分为三种类型：语法错误、运行时错误和逻辑错误。根据其严重性的不同，错误又可以分为异常和错误两种类型。异常是指因为程序执行过程中出错而在正常控制流以外采取的行为，从本质上来说，它是一种非致命性的、可以预见和修复的错误，异常处理机制会针对性地处理该种错误类型。

1.语法错误

在 Java 程序设计中，语法错误是指出现的不符合语法规则的程序代码的情况。编译器根据语法规则检查会发现错误，并给出错误提示，它是最容易被发现和解决的错误类型。如括号不匹配、不合法的书写格式等。

2.运行时错误

运行时错误是指代码在编译的过程中没有错误，而在运行时由于从外界获得了不正确的输入数据导致的错误类型。如数组下标越界异常、空指针异常、算数异常、输入输出异常等。

3.逻辑错误

逻辑错误是人为因素造成的错误，一般不会导致程序的非正常终止，但会导致产生错误结果。如把赋值号“=”与等于“==”相混淆、对某些函数的求值顺序不清楚等，这种错误通常是由于推理和设计算法本身错误造成的。虽然它不会引发错误，但是不会得到正确的计算结果。

与语法错误相比，逻辑错误最不容易被发现和解决。对于逻辑错误类型

的处理，一定要认真检查算法是否符合要求以及程序的流程是否正确。必要情况下，需要对程序进行调试分析或添加调试分析代码来分析和查找出错的原因和位置。

4.错误与异常的区别

错误是不可控制的，它只能利用外界的干预来进行异常处理，经常用来表示系统错误或者底层资源错误，如 .class 文件中没有 main() 方法、内存溢出等错误类型。

与错误相比，异常是非致命的，既可被控制也可不被控制，是指在运行环境正常的情况下发生的运行时错误，如除数为零、数组下标越界等错误类型。

9.1.2 异常的分类

在 Java 中，异常的分类在异常体系中均有定义，以下将介绍 Java 的异常体系结构，如图 9-1 所示。

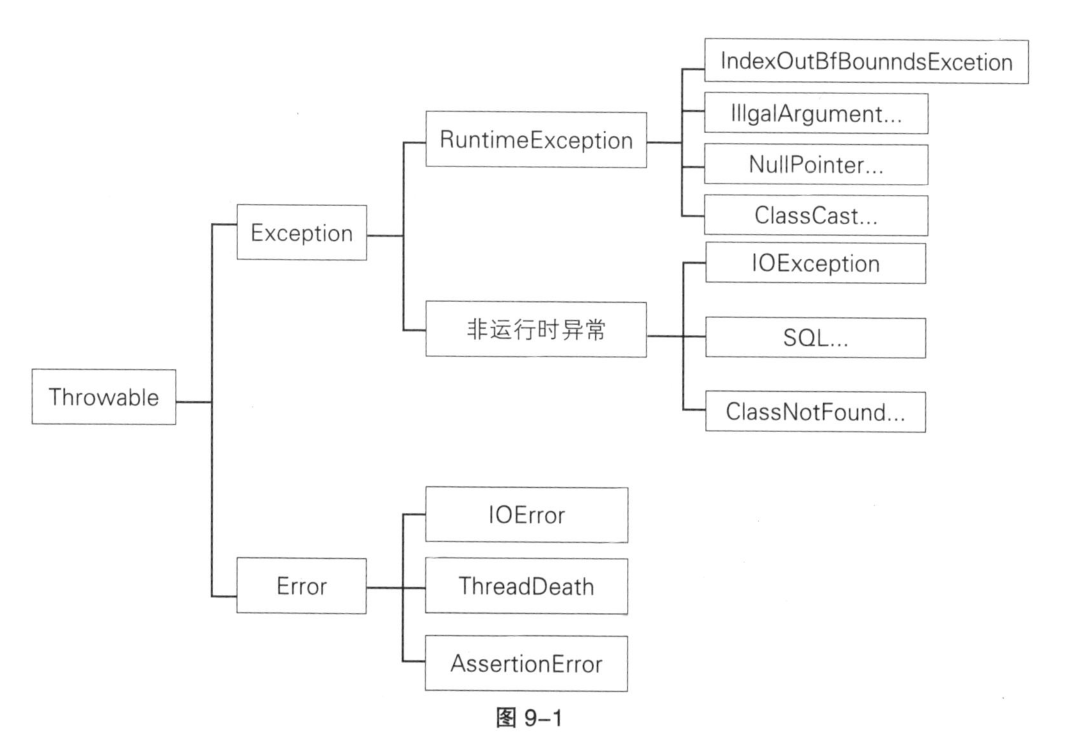

图 9-1

Throwable 在异常类层次结构的顶层，因此所有的异常类型都是其子类。Throwable 将把异常分为以下两个不同分支的子类。

（1）Exception。该子类包含用户可以获得的异常情况，它可以创建异常类型子类的类。在该分支中，RuntimeException 是一个重要的子类。这种异常可以自动定义所编写的程序，它包括被零除和非法数组索引等错误。

（2）Error。Error 类型的错误很难处理，并不是程序能够控制的。它用于 Java 运行时系统来显示与运行系统本身有关的错误，如堆栈溢出。这种异常可以定义不希望被程序捕获的异常。

在 Exception 分支中，有些子类异常属于程序外部引发的异常，如方法未找到引起的异常等，而 RuntimeException 及其子类是程序运行时自身导致的异常，属于运行时异常类型，如字符串转换为数字异常等。

以下是 Java 定义的标准异常类，如表 9-1 所示。

表 9-1

异常	说明
ArithmeticException	算术错误，如将 0 作为除数
ArrayIndexOutOfBoundsException	数组下标出界
ArrayStoreException	不兼容数组元素赋值类型
ClassCastException	非法强制转换类型
IndexOutOfBoundsException	某些类型索引越界
NullPointerException	非法使用空引用
NumberFormatException	字符串非法转换数字格式
NoSuchFielldException	请求的字段不存在
ClassNotFoundException	找不到类

9.1.3 异常处理机制

Java 异常处理是 Java 的一个重要性能，是有效提高程序的健壮性及安全性的保障。在进行 Java 程序设计时，错误是不可避免的。Java 的异常处理机制能够捕捉程序中出现的错误，并进行错误处理。

Java 异常处理机制通过使用 try…catch…finally 语句实现异常的抛出和捕获。

以下是程序进行异常处理的一般结构：

```
1 try(…){
2     // 这里的代码是被异常处理机制监视，一旦发生异常，就由 catch 代码块处理
3 } catch( 异常类型 1 error1){
4     // 发生对应异常时处理异常的代码
5 } catch( 异常类型 2 error2){
6     // 发生对应异常时处理异常的代码
7 } finally {
8     // 无论是否发生异常，最终都处理的代码块
9 }
```

try 代码段：它是程序的业务逻辑代码，由于该代码段可能发生一个或者多个异常，所以要放在 try 语句块内。

catch 代码块：它包含一个异常类型和相对应的异常对象，异常类型是 Throwable 的子类，可以指明 catch 语句的异常类型，catch 语句的优势在于能够对 try 语句块中的问题进行处理。

如果程序在运行中，try 语句块发生了代码异常，则会影响程序正常运行，并且能够马上将异常类的对象抛出，在抛出的过程中，如果异常类对象和 catch 语句获取的异常相似，那么就会在 catch 语句中直接进行问题的处理。另外如果 try 语句块中没有问题的发生，那么 try 语句块就会按照正常形式执行，而不会涉及其他的语句块。

9.2 异常处理

异常处理是指通过编译相对应的代码使程序运行中存在的异常影响达到最小化，以避免程序的非正常终止。它一般以 try、catch、finally、throw 和 throws 语句来实现对异常的捕获及处理。

9.2.1 try…catch…finally语句

当程序中并没有编译处理异常的代码时，系统就会在异常发生时调用 printStackTrace() 方法终止程序的运行。而 try…catch…finally 语句可以创建捕获异常和处理异常的程序段，尽可能避免程序的非正常终止。其语法格式如下：

```
try {
    // 可能发生异常的代码；
} [catch( 异常类 异常类对象 ){
    // 处理异常的代码；
}] [finally{
    // 无论是否发生异常都要执行的代码；
}]
```

值得注意的是：

第一，只有程序发生异常时，catch 语句块中的代码才能被执行。

第二，try 语句不可以单独使用，需要搭配 catch 语句块或 finally 语句块使用。

第三，不管出现任何情况，finally 语句块都会被执行。如果 try 中所有语句被执行完毕，则进入 finally 阶段。如果 finally 阶段没有异常，则整个 try…catch…finally 完成。如果 finally 阶段出现异常，那么将重新被 catch 捕获，返回 try 语句块内，重新执行直至不再生成新的 try 语句，完成执行，直接终止。

第四，catch 语句块中的参数表明了其所处理的异常类对象，通过该对象可以判断异常的类型以及处理方法。

第五，一个 try 代码段中可以有多个 catch 语句块。为了提升异常处理的精准性，降低编译代码的难度，try 结构中的每个 catch 语句块都可以用来处理语句块所对应的异常类型。若所有的 catch 语句块没有与之所对应的异常类型，系统将调用 printStackTrace() 方法类终止程序的运行。

【例 9.1】假设整型数组 a 中含有 5 个元素，需要设计一个具备异常捕获和处理能力的数组元素值查询程序。在出现异常的时候，可以给出一个提示，但是不会造成程序的非正常终止，只有用户输入的索引值为负数的时候，程序才会正常终止运行。

具体代码如下：

```
1 /**
2  * 主方法
3  *
4  * @param args
5  */
6 public static void main(String[] args) {
7     // 声明并初始化数组 a，5 个元素，最大下标为 4
8     int[] a = {1, 2, 3, 4, 5};
9     // 声明并初始化一个整型变量 x，用于存储用户输入的值
10    int m = 0;
11    // 声明一个 Scanner 类变量
12    Scanner scanner;
13    // 创建一个循环，当用户输入的索引值为负数时退出循环
14    while (true) {
15        // 为 scanner 赋值
16        scanner = new Scanner(System.in);
17        System.out.println("输入要查询的索引值(输入负值退出):");
18
19        // 将可能出现异常的代码放在 try 语句块中
20        try {
21            // 若用户输入了非整型数据，该语句会导致异常发生
22            m = scanner.nextInt();
23            if (m < 0) {
```

```
24                  // 由于 break 在 try 语句块中，故要执行了 finally 语句块
后才会退出循环
25                    break;
26                  }
27                  // 若用户输入的值大于 5, 下列语句会导致异常发生
28                  System.out.println( "al" + m + "]=" + a[m]);
29                  // 捕获和处理异常。声明一个 Exception 类对象 ex 用于存
储系统提交来的异常对象
30                  // 由于 Exception 是所有异常的顶级父类，所以任何异常均
可向上转型为 ex 对象
31              } catch (Exception ex) {
32                  // 也就是说系统提交的任何异常对象都可以用 ex 来接收
33                  // 通过 ex 对象的 toString() 方法获取异常信息
34                  System.out.println( "出错： " + ex.toString());
35              } finally {
36                  // 无论是否发生异常都要执行的代码
37                  if (m >= 0) {
38                    // 若用户输入的值大于或等于零
39                    System.out.println( "请继续.." );
40                  } else {
41                    // 若用户 输入的值为负值
42                    System.out.println( "再见" );
43                  }
44
45                  // 关闭 scanner 对象
46                  scanner.close();
47              }
48          }
49 }
```

由于数组的最大索引值为 5，所以当用户输入 6 时，就导致了数组下标越界类型的异常；当用户输入字母 a 时，则导致输入类型不匹配的异常。但是，这些异常不会导致程序的非正常终止。

值得说明的是，该示例是用来解释这个概念的，它所用到的异常类实例都非常简单，并且对它们的处理方法都是一样的，只需要输出一个异常信息就可以了。在现实生活中，这样的情形很少见，经常需要有目的地设计几个捕捉各种类型异常的 catch 语句块，以便找到不同的处理方式。在 catch 语句块中，应使异常被真正地处理，而不仅仅是展示异常的信息。

1. try…catch语句

关键字 try 和 catch 要同时使用。try…catch 语句处理异常的基本语法格式如下：

```
try{ // 监视
   // 可能会出现异常的代码；
} catch( 异常 ){ // 捕获异常
   // 处理异常代码；
}
```

当 try 语句中的代码发生异常时，异常会被对应的 catch 捕获并执行 catch 代码块内的处理异常代码。如果执行 try 代码块中的代码时没有异常发生，程序会直接跳过catch 代码块中的代码。简单来说，只有 try 中发生了异常，程序才会执行对应 catch 代码块中的代码。

【例 9.2】在编译程序时，通过 try…catch 语句捕获和处理异常。

具体代码如下：

```
 1 int x, y;
 2 // 监视代码块
 3 try {
 4     x = 0;
 5     y = 12;
 6     y = y / x;
 7     // 捕获除零异常
 8 } catch (ArithmeticException e) {
 9     System.out.println( "除以 0:" + e);
10 }
```

运行结果：

```
除以 0:java.lang.ArithmeticException: / by zero
```

以上代码是整数运算的过程，0 作为除数。这种异常需要在程序中捕获并处理它。

2. finally语句

finally 可以指定代码块，被指定的代码块不管出现任何情况都会被执行。

【例 9.3】try…catch…finally 异常处理。

具体代码如下：

```
1 public static void testException(int m) {
2     System.out.println(“m =  “ + m);
3 
4     try {
5         if (m == 0) {
6             m = 5 / m;
7         }
8 
9         if (m == 1) {
10            System.out.println(“未捕获到异常”);
11            return;
12        }
13 
14        if (m == 2) {
15            int[] arr = new int[2];
16            System.out.println(arr[3]);
17        }
18    } catch (ArithmeticException e) {
19        System.out.println(“捕获到异常：“ + e.getMessage());
20    } catch (ArrayIndexOutOfBoundsException e) {
21        System.out.println(“捕获到异常：“ + e.getMessage());
22    } finally {
23        System.out.println(“执行 finally 语句”);
24    }
25 }
```

```
26
27 public static void main(String[] args) {
28      testException(0);
29      testException(1);
30      testException(2);
31 }
```

运行结果：

```
m = 0
捕获到异常 : / by zero
执行 finally 语句
m = 1
未捕获到异常
执行 finally 语句
m = 2
捕获到异常 : 3
执行 finally 语句
```

在上述示例中调用 testException 方法，当传入值为 0 时，触发 0 作为除数的异常，由 catch 语句捕获后，执行到 finally 语句块；当传入值为 1 时，程序运行正常，没有异常发生，最后也进入 finally 语句块；当传入值为 2 时，触发数组下标越界异常，进入相对应的 catch 语句块，处理完异常后，也进入 finally 语句块。

9.2.2 throw语句和throws语句

当程序语句出现逻辑、类型转换等错误时，系统会自动抛出异常。try…catch…finally 语句使方法捕获和处理异常，将异常的处理结果返回给调用者，而 throw 和 throws 语句直接将异常抛给调用者。

1.throw 语句

在 Java 中，throw 语句可以抛出程序运行时的异常。但其抛出类型必须是 Throwable 子类类型或 Throwable 类的对象。获得 Throwable 对象的方法有两种：第一，在 catch 语句中通过参数或 new 关键字进行对象方法的创建。第二，若没有与之相匹配的 catch 语句，就检查上层 try 语句块，以此类推。

【例 9.4】throw 语句的用法。

具体代码如下：

```
1  public static void main(String[] args) {
2      try {
3          throwException();
4      } catch (Exception e) {
5          System.out.println(e.getMessage());
6      }
7  }
8
9  private static void throwException() throws Exception {
10     System.out.println("方法内执行");
11     throw new ArithmeticException("抛出异常");
12 }
```

运行结果：

```
方法内执行
抛出异常
```

在上述示例中，方法 throwException() 依据程序运行逻辑主动抛出 ArithmeticException 异常，并由该方法的调用程序块将该异常捕获。

2.throws语句

当一个方法抛出了一个异常，但并不知道如何处理时，就需要方法的调用者对异常进行处理，这时就用到了 throws 语句。throws 语句列举了一个方法导致的所有的异常类型。若一个方法抛出了异常类，可以使异常对象从调用栈向后传播，直到有适合的方法捕获它。

throws 的语句格式如下：

```
返回值类型 方法名(参数) throws 异常类型1, 异常类型2(...)
```

【例 9.5】throws 语句的用法。

具体代码如下：

```
1  public static void main(String[] args) {
2      try {
3          int result = divide(3, 0);
4          System.out.println(result);
5      } catch (Exception e) {
6          e.printStackTrace();
7      }
8  }
9
10 private static int divide(int m, int n) {
11     return m / n;
12 }
```

运行异常后的结果：

```
java.lang.ArithmeticException: / by zero
        at codable.Charpter9.divide(Charpter9.java:94)
        at codable.Charpter9.main(Charpter9.java:86)
```

在以上示例中，divide 方法可能抛出一个除数为 0 的异常，当前方法可以忽略该异常或通过调用该方法的代码进行处理，所以，该异常被抛出。在主程序中调用 divide 方法需通过 try…catch 语句块对异常进行处理，否则就会编译错误。若主函数忽略该异常，也需要将异常抛给调用该方法的程序进行处理。

9.3 自定义异常

当 Java 提供的异常类出现无法处理的异常时，就需要自己定义一些异常类。自定义异常类只需从 Exception 类或者它的子类派生一个子类即可。而自定义异常由于不能自动生成，就需要使用关键字 throw 来抛出。

9.3.1 创建自定义异常类

在实际开发中，自定义异常类可以不使用方法返回值，而使用异常代表错误。其语法格式如下：

```
class 自定义异常类名 extends 父异常类名 {
    类体;
}
```

【例 9.6】创建自定义异常类并进行使用。

具体代码如下：

```
1  public class DefinedException extends Exception {
2      private int num;
3
4      // 自定义异常类构造方法
5      public DefinedException(int num) {
6          this.num = num;
7      }
8
9      @Override
10     public String toString() {
11         return "DefinedException {num=" + num + "}";
12     }
13 }
14
```

```
15 class DefinedExceptionTest {
16     // 测试自定义异常类
17     public static void customThrows(int num) throws DefinedException {
18         System.out.println("对 " + num + " 进行操作");
19         if (num > 100) {
20           // 抛出自定义异常类 DefinedException
21           throw new DefinedException(num);
22         }
23         System.out.println("执行该算法正常退出!");
24     }
25
26
27     public static void main(String[] args) {
28         // 监视
29         try {
30           customThrows(20);
31           customThrows(101);
32           // 捕获并处理自定义异常
33         } catch (DefinedException e) {
34           System.out.println("捕获异常: " + e.getMessage());
35         }
36     }
37 }
```

运行结果:

```
对 20 进行操作
执行该算法正常退出!
对 101 进行操作
捕获异常: null
```

9.3.2 使用throw 和try…catch语句处理自定义异常

在程序中使用自定义异常类，大体可分为以下几个步骤:

第一，创建自定义异常类。

第二，在方法中通过 throw 关键字抛出异常对象。

第三，如果在当前抛出异常的方法中处理异常，可以使用 try…catch 语句捕获并处理，否则在方法的声明处通过 throws 关键字指明要抛出给方法调用者的异常。

第四，在出现异常方法的调用者中捕获并处理异常。

【例 9.7】使用 throw 和 try…catch 语句处理自定义异常。

具体代码如下：

```
 1 import java.util.Scanner;
 2
 3 public class DefinedException extends Exception {
 4    private int num;
 5
 6    private String msg;
 7
 8    // 自定义异常类构造方法
 9    public DefinedException(int num) {
10      this.num = num;
11    }
12
13    public DefinedException(String msg) {
14      this.msg = msg;
15    }
16
17    @Override
18    public String toString() {
19        return "DefinedException{ " + "num=" + num + ", msg=' " + msg + '\'' + '}';
20    }
21 }
```

```
22
23 class DefinedExceptionTest {
24
25     static int mean(int num1, int num2) throws DefinedException {
26         if (num1 < 0 || num2 < 0) {
27             // 抛出自定义异常
28             throw new DefinedException(“数值不能为负数”);
29         }
30         if (num1 > 30 || num2 > 30) {
31             // 抛出自定义异常
32             throw new DefinedException(“数值不能超过 30”);
33         }
34
35         // 返回语句
36         return (num1 + num2) / 2;
37     }
38
39     /**
40      * 求输入数值的平均数
41      *
42      * @param args
43      */
44     public static void main(String[] args) {
45         System.out.println(“请输入两个小于 30 的数值：“);
46         // 创建一个对象，用于读取用户输入
47         Scanner scanner = new Scanner(System.in);
48         // 从键盘获得输入
49         int num1 = scanner.nextInt();
50         // 从键盘获得输入
```

```
51        int num2 = scanner.nextInt();
52        try {
53          // 调用方法 mean()
54          int r = mean(num1, num2);
55          System.out.println("平均值：" + r);
56          // 捕获自定义异常
57        } catch (DefinedException e) {
58          // 打印自定义异常信息
59          System.err.println("异常：" + e.getCause());
60        }
61    }
62 }
```

运行结果 1：

```
请输入两个小于 30 的数值：
12
23
平均值：17
```

运行结果 2：

```
请输入两个小于 30 的数值：
32
14
异常：null
```

程序运行结果 1 是输入的两个数都小于 30，运行正常。程序运行结果 2 是输入的两个数有一个大于 30，抛出异常。

在以上程序中，通过 Exception 类的一个派生类创建了一个自定义异常。在 mean() 方法的声明里通过 throws 关键字抛出了可能发生的异常。若 mean() 方法满足“num1<0||num2<0”或“num1>30||num2>30”的条件，系统会通过 throw 关键字创建一个 DefintionException 抛出异常。在 main() 方法中，由于系统调用了该方法，所以就需要通过外部 try…catch 语句对可能抛出的异常进行捕获并处理。

Chapter

10

第10章

输入/输出流与文件

不管是哪种程序，都离不开数据的输入和输出。输入即原始数据的输入，输出即加工处理后的数据的输出。换句话说，程序就是数据的加工厂。本章将详细介绍Java程序的数据输入和输出。通过本章的学习，读者可以快速掌握数据输入和输出的方法。

学习要点：★了解流的概念和分类

★掌握字节输入流和输出流的方法

★掌握字符输入流和输出流的方法

★掌握字节文件流和字符文件流的方法

★掌握字节缓冲流和字符缓冲流的方法

★掌握字节流和字符流之间的转换方法

10.1 流的概述

数据在计算机各部件之间进行传输，人们将这种情况称为“流”（Stream）。数据流有多种划分方法，从方向而言可以分为输入流与输出流，从内容而言可以分为字节流与字符流。但不管是计算机中的哪种数据流，其形式均为二进制，不过字符流中的数据多出了一个字符的编码和解码环节。

1.输入/输出流

输入流和输出流分别指数据传输的两个阶段，前者指数据由文件、网络等向应用程序传输的阶段，后者指数据由应用程序向终端传输的过程。也就是说，输入流体现的是从数据源中读取数据，输出流体现的是向终端写入数据。

借助数据流对数据的输入和输出进行处理的优点在于，可以使程序的输入/输出操作独立于相关设备，也就是说，程序无须管理具体的实现细节，只需要对数据流进行处理，由系统负责各设备的具体的实现细节。

2.缓冲流

最初，在数据流的传输过程中出现了数据衔接不流畅的问题，即发送数据的速度与磁盘写入数据的速度不匹配，使相关资源无法物尽其用。为了提高工作效率，人们想到了建立内存缓冲区的办法。这种缓冲区建立在发送方与接收方之间，作用是在数据的发送与接收速度不匹配时暂时存储数据，从而提高系统资源的利用效率。自那以后，数据的传输过程有了新的变化，分成了“将数据写入缓冲流”和“从缓冲流中读取数据”两种类型的操作。

3.字节流和字符流的区别

输入和输出数据是计算机程序的重要功能，比如从文件或键盘中读取数据，或者把数据向文件进行传输等。在 Java 中，数据的这类传输过程被称为流，用统一的接口来表示。程序可以借助这种数据传输过程来访问不同的输

入和输出设备。

Java 的流式输入和输出以四个抽象类为基础，即 InputStream 类、OutputStream 类、Reader 类和 Writer 类。InputStream 类和 OutputStream 类为字节流设计，Reader 类和 Writer 类为字符流设计。字节流与字符类形成分离的层次结构。

字节流，顾名思义，其基本处理单位是字节，而字符流的基本处理单位是 16 位的 Unicode 表示的字符。字节流和字符流的用处有所不同，字节流一般用于处理字节或二进制对象，字符流一般用于处理字符或字符串。

10.2 字节流

字节流的输入和输出的方法分别是 InputStream 类和 OutputStream 类。下面将介绍这两种类的方法。

10.2.1 字节输入流

InputStream 类为所有字节输入流的父类，也就是说，它定义了各种 Java 字节输入流所具有的共性。InputStream 类继承层次结构如图 10-1 所示。

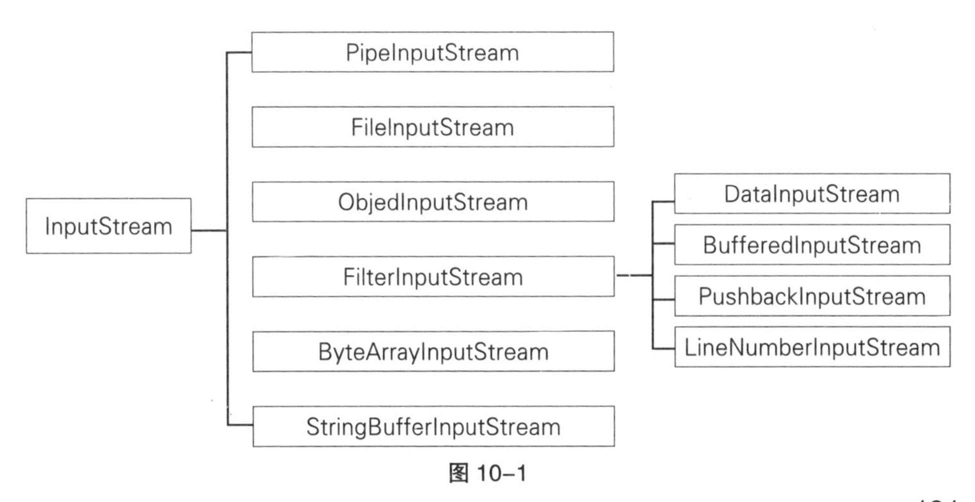

图 10-1

字节输入流常用子类如表 10-1 所示。

表 10-1

子类	说明
DataInputStream	从底层输入流中读取 Java 基本数据类型
ByteAarryInputStream	将输入流读取的数据保存在字节数组缓冲区中
FileInputStream	从文件中读入数据
PrintStream	方便其他输出流打印各种数据值表示形式
PipedInputStream	通过管道读取数据
BufferedInputStream	创建缓冲区读取数据
FilterInputStream	实现 InputStream 接口的过滤器输入流

InputStream 类定义的方法如表 10-2 所示。

表 10-2

方法	说明
int available( )	返回当前可读的输入字节数
void close( )	关闭输入源
void mark(int numBytes)	在输入流的当前点放置一个标记
int read( )	如果下一个字节可读，则返回一个整型，遇到文件尾时返回 -1
int read(byte buffer[ ])	试图读取 buffer.length 个字节到 buffer 中，并返回实际成功读取的字节数，遇到文件尾时返回 -1
int read(byte buffer[ ], int offset,int numBytes)	试图读取 buffer 中从 buffer[offset] 开始的 numBytes 个字节，返回实际读取的字节数，遇到文件尾时返回 -1

续表

void reset( )	在先前设置的标志处重新设置输入指针
long skip(long numBytes)	忽略 numBytes 个输入字节，返回实际忽略的字节数

InputStream 类常用方法如下：

（1）int read( )：读取一个字节的数据，将读到的字节数返回。若到达文件末尾则返回 –1。

（2）int read(byte buffer[ ])：把数据读入字节数组，并返回实际读到的字节数。

（3）int read(byte buffer[ ]int offset,int numBytes)：将数据读入字节数组，参数 offset 表示数组的偏移位置，即第一个字节应放在哪个位置；参数 numBytes 表示读取的最大字节数。

10.2.2 字节输出流

OutputStream 类为所有字节输出流的父类，它为抽象类，也有若干子类。OutputStream 类的继承层次结构如图 10-2 所示。

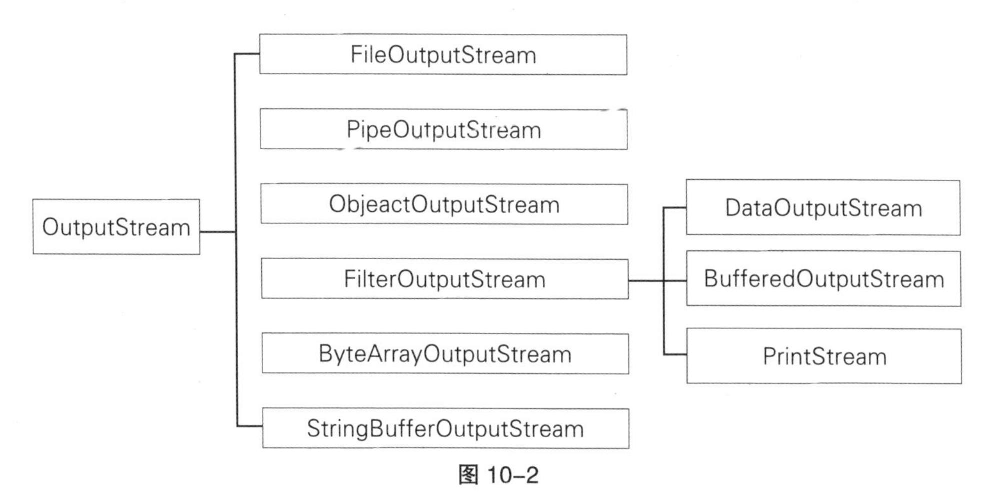

图 10-2

字节输出流常用子类如表 10-3 所示。

表 10-3

子类	说明
DathOutputStream	将 Java 基本数据类型写入底层输出流
ByteArrayOutputStream	将输出流的数据保存在字节数组缓冲区中
FileOutputStream	将数据写入文件
PipedOutputStream	通过管道输出数据
BufferedOutputStream	创建缓冲区输出数据
FilterOutputStream	实现 OutputStream 接口的过滤器输出流

OutputStream 类定义的方法如表 10-4 所示。

表 10-4

方法	说明
void close( )	关闭输出流
void flush( )	刷新输出缓冲区
void write(int b)	向输出流写入单个字节
void write(byte buffer[ ])	向一个输出流写一个完整的字节数组
void write(byte buffer[ ], int offset,int numBytes)	写数组 buffer 以 bfferfoffset] 为起点的 numBytes 个字节区域内的内容

OutputStream 类的常用方法如下：

（1）void write(int b)：写入一个字节的数据。

（2）void write(byte buffer[ ])：将字节数组的所有字节写入。

（3）void write(byte buffer[ ].int offset,int numBytes)：参数 offset 表示数组的偏移位置，即写入位置；参数 numBytes 表示要写入字节的数量。

（4）void flush()：清空缓冲区，即把缓冲的所有数据都发送到目的地。

10.3 字符流

字符流也如字节流一样存在两个抽象的父类，即 Reader 类与 Writer 类。前者的特点是可以读取字符，属于字符输入流，后者的特点是可以输出字符，属于字符输出流。

10.3.1 字符输入流

Reader 类为所有字符输入流的父类，Reader 类与 Inputstream 类的功能体系十分相似，不过 Reader 类的方法把字符作为最基本单位。Reader 类的继承层次结构如图 10-3 所示。

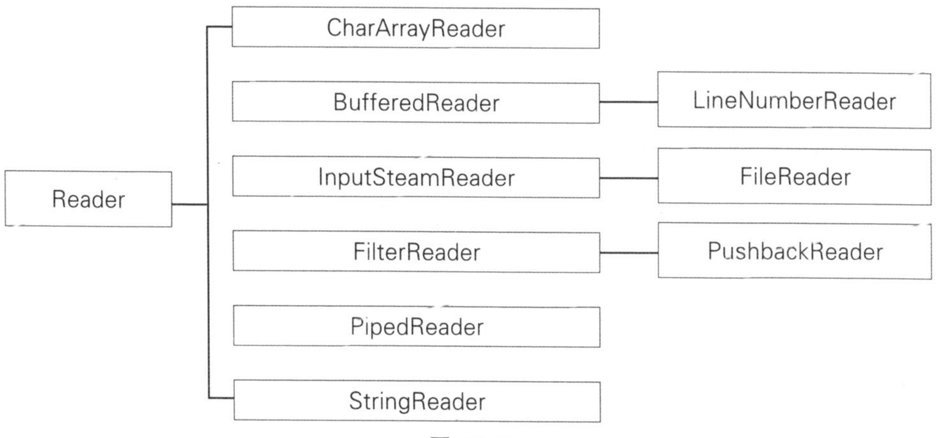

图 10-3

字节输入流常用子类如表 10-5 所示。

表 10-5

子类	说明
FileReader	从文件读入输入流
CharArrayReader	从字符数组读取的输入流
InputStreamReader	将字节转换为字符的输入流

续表

PipeReader	通过管道读取数据
BufferReader	创建缓冲区读取数据
FilterReader	用于读取已过滤的字符流的抽象类

Reader 类定义的方法如表 10-6 所示。

表 10-6

方法	说明
void close( )	关闭输入源
void mark(int numChars)	在输入流的当前位置设立一个标志
int read( )	如果调用的输入流的下一个字符可读，则返回一个整型，遇到文件尾时返回 –1
int read(char buffer[ ])	试图读取 buffer 中的 buffer.length 个字符，返回实际成功读取的字符数，遇到文件尾返回 –1
int read(char buffer[ ],int offset,int numChars)	试图读取 buffer 中从 buffer[offset] 开始的 numChars 个字符，返回实际成功读取的字符数，遇到文件尾返回 –1
void reset( )	在先前设立的标志处设置输入指针
long skip(long numChars)	跳过 numChars 个输入字符，返回跳过的字符数

Reader 类的常用方法如下：

（1）int read()：读取一个字符并以整数形式返回该字符。当到达文件末尾时，返回 –1。

（2）int read(char buffer[ ])：把字符数据读入字符数组，同时返回实际读到的字符数。

（3）int read(char buffer[ ],int offset,int numBytes)：把数据读入字符数

组，参数 offset 表示第一个字符在数组的存放位置；参数 numBytes 表示读取的最大字符数。

10.3.2 字符输出流

Writer 类为所有字符输出流的父类，Writer 类与 OutputStream 类的功能体系十分相似，不过 Writer 类的方法是以字符为基本单位。Writer 类的继承层次结构如图 10-4 所示。

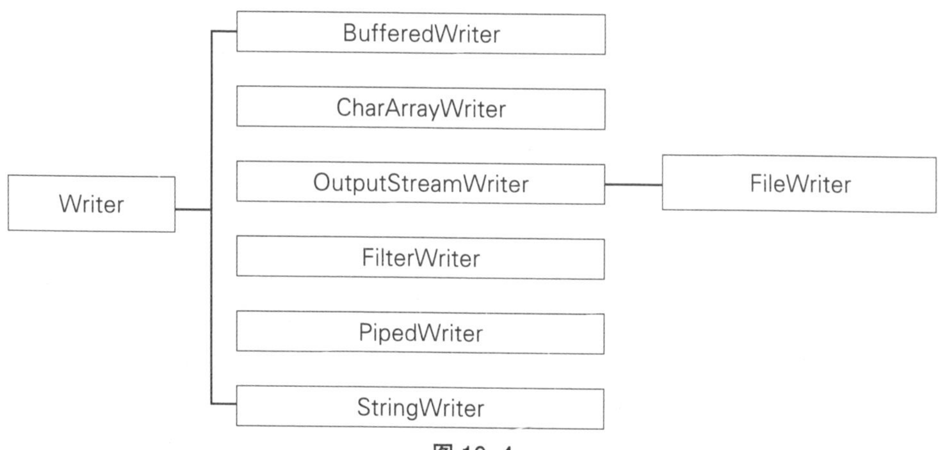

图 10-4

字符输出流常用子类如表 10-7 所示。

表 10-7

子类	说明
FileWriter	返回字符到输入流
CharArrayWriter	写入字符数组的输出流
OutputStreamWriter	将字节转换为字符的输出流
PipeWriter	管道输出
BufferWriter	将数据输出到缓冲区
FilterWriter	用于字符过滤输出流

Writer 类定义的方法如表 10-8 所示。

表 10-8

方法	说明
abstract void close( )	关闭输出流
abstract void flush( )	刷新输出缓冲
void write(int ch)	向输出流写入单个字符
void write(char buffer[ ])	向一个输出流写一个完整的字符数组
void write(char buffer[ ],int offset,int numChars)	向调用的输出流写入数组 buffer 以 bferffiset] 为起点的 numChars 个字符区域内的内容
void write(String str)	向调用的输出流写 str
void write(String st, int ofset,int numChars)	写数组 str 中以制定的 offset 为起点的长度为 numChars 个字符区域内的内容

Writer 类的常用方法如下：

（1）void write(int ch)：写入单个字符。

（2）void write(byte buffer[ ])：写入字符数组的所有字节。

（3）void write(byte buffer[ ]int offset,int numBytes)：参数 offset 表示数组的偏移位置，即写入位置；参数 numBytes 表示要写入字符的长度。

10.4 文件流

Java 程序的文件流包括字节文件流和字符文件流。本节将详细介绍这两种文件流的输入和输出操作。

10.4.1 文件字节流

文件字节流是指文件字节输入流 FileInputStream 类和文件字节输出流 FileOutputStream 类，它们是 InputStream 类最常用的两个子类，可以完成对本地磁盘文件的顺序输入和输出操作。

1.FileInputStream类

FileInputStream 类的构造方法见表 10-9 所示。

表 10-9

构造方法	说明
FileInputStream(String f)	根据参数指定的文件名创建文件字节输入流。如果文件不存在，就会抛出 FileNotFoundException 异常
FileInputStream(File f)	和第一个方法类似，只是参数为 File 类型

【例 10.1】借助 FileInputStream 类读取文本文件中的数据，并把 read() 方法的返回值显示到控制台窗格。

具体代码如下：

```
1  import java.io.FileInputStream;
2  import java.io.IOException;
3
4  public class FileReaderTest {
5
6      /**
7       * 读取文件信息
8       *
9       * @param args
10      */
11     public static void main(String[] args) {
```

```
12          FileInputStream fileInputStream = null;
13          // 创建一个 FileInputStream 类对象 fin, 并初始化
14          try {
15              fileInputStream = new FileInputStream( "E:\\file-content.
txt" );
16
17              // available() 方法用于返回还有多少可读字节
18              while (fileInputStream.available() != 0) {
19                  // read() 方法从数据源中读取一个字节的进制数，并在
高位补 8 个 0, 再转换成一个十进制整数后返回给调用语句
20                  // 依次输 出的是 ABC 三个字母的 ASCII 值
21                  System.out.println(fileInputStream.read());
22              }
23          } catch (IOException ex) {
24              // 捕获异常
25              System.out.println(ex.toString());
26          } finally {
27              try {
28                  // close 方法也声明了抛出异常，故也需要放置在 try
结构中
29                  fileInputStream.close();
30              } catch (IOException ex) {
31                  // 显示异常信息
32                  System.out.println(ex.toString());
33              }
34          }
35      }
36  }
```

2.FileOutputStream类

FileOutputStream 类的构造方法见表 10-10 所示。

表 10-10

构造方法	说明
FileOutputStream(String f)	根据参数指定的文件名创建文件字节输出流。不管指定的文件是否已经存在，都会新建一个空文件
FileOutputStream(String f,boolean b)	参数 2 如果是 false，那么功能就和第一个方法相同。否则，当参数 1 指定的文件已存在时，后面的写出操作将从已有的文件的末尾开始，也就是追加写出
FileOutputStream(File f,boolean b)	和第二个方法类似，只是参数 1 为 File 类型

从中能够发现 FileInputStream 和 FileOutputStream 类的所有方法都对抛出受检查类型的异常（FileNotFoundException，代表指定的文件未找到，它为 IOException 异常类的一个子类）进行了声明，在使用 FileInputStream 或 FileOutputStream 类的方法时，需要把这些异常进行捕获并加以处理，也可以借助 throws 语句把异常继续抛出。

【例 10.2】借助 FileInputStream 与 FileOutputStream 类完成 JPG 格式图片文件的复制。

具体代码如下：

```
1  import java.io.FileInputStream;
2  import java.io.FileOutputStream;
3  import java.io.IOException;
4
5  public class FileWriterTest {
6
7      /**
8       * 主方法
```

```
9        *
10       * @param args
11       */
12      public static void main(String[] args) {
13          // 创建文件输入流对象
14          FileInputStream fin = null;
15          // 创建文件输出流对象
16          FileOutputStream fout = null;
17
18          try {
19              // 将输入流与源文件关联
20              fin = new FileInputStream( “E:\\file-content.txt” );
21              // 将输出流与目标图片关联，此时目标文件尚不存在
22              fout = new FileOutputStream( “E:\\file-content-copy.txt” );
23
24              // 创建 byte 类型的数组 b, 包含 108 个字节
25              byte[] b = new byte[128];
26              int len = 0;
27              while ((len = fin.read(b)) != -1) {
28                  fout.write(b, 0, len);
29              }
30              System.out.println( “文件复制完成！ ” );
31          } catch (IOException ex) {
32              System.out.println( “文件复制失败： ” + ex.toString());
33          } finally {
34              try {
35                  if (fin != null)
36                      // 若 fin 对象尚未关闭
```

```
37                          fin.close();
38                  } catch (IOException ex) {
39                      System.out.println( "文件输入流关闭失败: " +
ex.toString());
40                  }
41
42                  try {
43                      if (fout != null)
44                          fout.close();
45                  } catch (IOException ex) {
46                      System.out.println( "文件输出流关闭失败: " +
ex.toString());
47                  }
48              }
49      }
50  }
```

由于图片文件的格式本质上为二进制，所以其字节可以由 FileInputStream 类提供的 read() 方法来提取，并可以由 FileOutputStream 类提供的 write() 方法来输出，从而完成文件的复制。程序在完成文件的复制时，并不会分析这些二进制数据的实际含义，而是单纯依照顺序进行读写。

需要说明的是，FileInputStream 类和 FileOutputStream 类的主要处理对象为二进制文件，不太适合用于处理文本文件。例如，在实际应用中经常借助字节流相关类实现对二进制文件（如 .exe 文件或 .dll文件等）的扫描，来判断文件中是否包含有某个特征码（按某种特定顺序组成的二进制编码），进而得出结论即该文件是否包含有某种病毒。

10.4.2 文件字符流

FileReader 类和 FileWriter 类分别为 Reader 类和 Writer 类的子类，其中前者为文件字符输入流，后者为文件字符输出流。

1.FileReader类

FileReader 类按字符读取文件中的数据。创建这个类对象的语法格式有两种。

第一种是使用字符串类型的文件名来创建：

```
FileReader freader = new FileReader(fileName);
```

第二种是使用一个文件对象来创建：

```
FileReader freader = new FileReader(File file);
```

说明：

（1）fileName 为完整的路径加文件名，若文件和程序所在的代码文件位于同一目录下，fileName 可以只是文件名。

（2）在 Java 程序中，一个汉字占用两个字节的存储空间，使用字节流也可以完成字符读取，但这种情况下可能出现乱码，所以最好用字符流来读取字符。

read() 方法为 FileReader 类最常用的方法，这个方法的作用是读取字符文件中的字符，则返回一个 int 类型的数据，从而表达 read() 实际读取到的字符对应的 ASCII 码。当返回的数据为“–1”时，代表 read() 方法没有读取到字符。若读取到文件的最后或文件里面无字符，则会返回“–1”。

【例 10.3】编写一个可以读取并显示 FileReaderTest.txt 文件内容的示例程序。

具体代码如下：

```
1  import java.io.FileReader;
2  import java.io.IOException;
3
4  public class FileReaderTest {
5
6      public static void main(String[] args) throws IOException {
7          // 创建一个 FileReader 对象
8          FileReader fileReader = new FileReader( “E:\\file-content.txt” );
9          // 从文件中读取字符并存入 num 变量中
```

```
10            int readChar = fileReader.read();
11            // 判断文件内容是否结束
12            while (readChar != -1) {
13                // 输出读取字符到控制台
14                System.out.print( "read char:  " + (char) readChar);
15                // 读取下一个字符
16                readChar = fileReader.read();
17            }
18            // 关闭文件阅读器
19            fileReader.close();
20    }
21 }
```

上述代码的作用是创建一个 FileReader 对象，之后程序会在 while 代码块中调用 read() 方法读取文件中的字符，并对能否读取到文件最后进行判断。若未读取到文件最后，则程序所读取的整数会被转换为 char 类型输出到控制台，然后数据流会被关闭。

上述程序在 main() 方法后抛出了一个 IOException 异常，这样做的目的是处理在读取和输出时可能出现的异常。我们也能够借助 try-catch 语句检测与处理异常。

2.FileWriter类

FileWriter 类可以把需要保存的数据输出到文件中。创建这个类对象的语法格式有两种。

第一种是借助字符串类型的文件名来创建：

```
FileWriter fwriter = new FileWriter(fileName);
```

第二种是借助一个文件对象来创建：

```
FileWriter fwriter = new FileWriter(File file);
```

writer() 方法是 FileWriter 类最常用的方法，作用是把字符或字符串写到文件中。

此处的 fileName 为完整的路径加文件名，这一点与 FileReader 类的应用类似。

如果文件和程序所在的代码文件位于同一目录下，fileName 可以只是文件名。

【例 10.4】编写程序，实现创建文件并把字符串写入文件的功能。

具体代码如下：

```
1  import java.io.FileWriter;
2  import java.io.IOException;
3
4  public class FileWriterTest {
5
6      public static void main(String[] args) throws IOException {
7          // 创建一个 FileWriter 对象
8          FileWriter fileWriter = new FileWriter("E:\\file-content.txt");
9          // 向文件中写入字符串
10         fileWriter.write("I am a  ");
11         fileWriter.write("stu");
12         fileWriter.write("dent");
13
14         // 向文件中写入字符
15         fileWriter.write(".");
16         fileWriter.write("这是一个学生的文件 .");
17         // 关闭流
18         fileWriter.close();
19     }
20 }
```

上述代码先创建了一个 FileWriter 对象，然后调用 writer() 方法把数据写入 FileWriterTest.txt 文件中。

上述程序在 main() 方法后同样抛出了一个 IOException 异常，其作用在于处理在读取或输出时可能出现的异常。对于这类异常，也可以采用 try…catch 语句来检测和处理。

10.5 缓冲流

Java 提供的缓冲字节流 (BufferedInputStream 类和 BufferedOutputStream 类）和缓冲字节流(BufferedReader 类和 BufferedWriter 类）均带有缓冲功能，其作用在于增强数据读写的效率。其原理是，这些类的内部建有一个缓冲数据的数组，读写数据时将数据存储到缓冲区，而非直接写入所连接的流中，待缓冲区存储满后或者关闭流时，再一次性把缓冲区的数据写入，从而减少读写请求的次数，尽可能增强数据读写效率。

10.5.1 缓冲字节流

Java 语言可提供具有缓冲作用的字节流，也就是 BufferedInputStream 类和 BufferedOutputStream 类。前者为缓冲字节输入流，用于对输入流进行缓冲；后者是缓冲字节输出流，用于对输出流进行缓冲。之所以要增加缓冲功能，是为了增快读写速度，进而提升读写效率。

BufferedInputstream 和 BufferedOutputstream 都需要借助内部缓冲区数组来实现。BufferednputStrcam 的作用是，当有输入流放入，而 BufferedApurStream 的 read() 方法被调用读取输入流的数据时，输入流的数据会被分批填入缓冲区，等到缓冲区的数据被读完之后，就会有新的数据填充数据缓冲区，这个过程会反反复复，直到读完输入流能够传输的数据为止。BufferOutputstream 的特点是，当有输出流放入，而 BufferedOutputstream 的 write() 方法被调用的时候，数据会被写入内部缓冲区，当 BuftferedOutputstream 的 flush() 方法被调用的时候，内部缓冲区的数据会被写到文件中。

【例 10.5】编写一个使用缓冲字节输入流与缓冲字节输出流读写文件的示例程序。

具体代码如下：

```
1  import java.io.*;
2  
3  public class StreamTest {
4  
5      public static void main(String[] args) {
6          try {
7              // 文件输入流传入源文件路径
8              FileInputStream fin = new FileInputStream( “example.txt” );
9              // 文件输出流传入目的文件路径
10             FileOutputStream fout = new FileOutputStream( “.txt” );
11             // 缓冲输入流
12             BufferedInputStream bin = new BufferedInputStream(fin);
13             // 缓冲输出流
14             BufferedOutputStream bout = new BufferedOutputStream(fout);
15             // 接收数据的字节数组
16             byte[] b = new byte[64];
17             while (bin.read(b) != -1) {
18                 // 将缓冲区的数据全部写出
19                 bout.write(b);
20             }
21             // 刷新缓冲区到输出流
22             bout.flush();
23             // 关闭缓冲输出流
24             bout.close();
```

```
25              // 关闭输出流
26              fout.close();
27              // 关闭缓冲输入流
28              bin.close();
29              // 关闭输入流
30              fin.close();
31          } catch (ArrayIndexOutOfBoundsException e) {
32              System.out.println( "数组越界异常: " + e.getMessage());
33          } catch (IOException e) {
34              System.out.println( "数据流处理异常: " + e.getMessage());
35          }
36      }
37  }
```

上述代码先创建了一个文件输入流对象与一个文件输出流对象，并创建了对应的缓冲流对象，之后借助缓冲流对象完成读写操作。由于需要写入的数据保存于字节数组中，所以读写时可能出现异常，如数组下标越界和 IO 异常，因此我们在实际应用时要留心捕获及处理这些异常。

缓冲字节输入流的 write() 方法并非直接把数据写入文件，而是把数据写入内部缓冲区，因此应该调用 fush() 方法把缓冲区的数据写入文件中。

10.5.2 缓冲字符流

Java 语言中包括带有缓冲功能的字符流，即 BufferedReader 类与 BufferedWriter 类。前者为缓冲字符输入流，其所添加的缓冲功能以传入的字符输入流为对象；BufferedWriter 为缓冲字符输出流，其所添加的缓冲功能以传入的字符输出流为对象。

1.BufferedReader类

BufferedReader 的作用在于增强 FileReader 类对象的读取操作能力。BufferReader 类对象内部设置了一个数组，这个数组便作为缓冲区使用。此缓冲区既用于存储字符输入流读取的数据，也是字符输入流读取数据的位置，若缓冲区的数据被读取完了，则缓冲区内会存入字符输入流读取的新数据。BufferedReader 类对象初始化的语法格式如下：

```
BufferedReader bufferReader = new BufferedReader(new FileReader
(fileName));
```

也可拆分成如下代码：

```
FileReader fileReader = new FileReader(fileName);
BufferedReader bufferReader = new BufferedReader(fileReader);
```

创建 BufferedReader 对象后，在读取文件数据时可以调用该对象中的 read() 方法和 readLine() 方法。这两种方法中，前者可以完成对部分数据的读取，后者可以完成对整行数据的读取。readLine() 方法的特点是每次读取到回车符（\n）时结束读取，下一次读取则从回车符后开始。

【例 10.6】编写程序，实现用 BufferedReader 类对象读取 BufferedReader Test.txt 文件的内容。

具体代码如下：

```
 1  import java.io.BufferedReader;
 2  import java.io.FileReader;
 3  import java.io.IOException;
 4
 5  public class BufferedReaderTest {
 6      public static void main(String[] args) throws IOException {
 7          BufferedReader bufferedReader = new BufferedReader
(newFileReader( “E:\\file-content.txt” ));
 8              // 创建变量 line 用于存储从文件中读取的第一行数据
 9              String line = bufferedReader.readLine();
10              // 判断 line 变量是否接收数据
11              while (line != null) {
12                  System.out.print(line + “\n” );
13                  // 读取下一行数据并存储在 line 中
```

```
14                  line = bufferedReader.readLine();
15              }
16
17              // 关闭流
18              bufferedReader.close();
19          }
20  }
```

上述代码创建了一个 BufferedReader 对象读取文件，在碰到回车符(\n)时不会将其作为数据。读出来的每一行内容都要另外添加转义字符“n”，作用在于保证输出的内容和文件中的内容一样。

【例 10.7】编写程序，实现使用 BufferedReader 类对象从键盘输入流中读取字符。

具体代码如下：

```
 1  import java.io.BufferedReader;
 2  import java.io.IOException;
 3  import java.io.InputStreamReader;
 4
 5  public class BufferedReaderTest2 {
 6
 7      public static void main(String[] args) throws IOException {
 8          char oneByte;
 9          int r;
10
11          //将从 BufferedReader 输入流中读取的信息赋值给变量 oneByte
12          BufferedReader bufferReader = new BufferedReader(new
InputStreamReader(System.in));
13          while ((r = bufferReader.read()) != -1) {
14              oneByte = (char) r;
15              System.out.println(oneByte);
```

```
16            }
17            bufferReader.close();
18        }
19 }
```

【例 10.8】编写程序，实现使用 BufferedReader 类对象从键盘读取输入的字符。

具体代码如下：

```
 1 import java.io.BufferedReader;
 2 import java.io.IOException;
 3 import java.io.InputStreamReader;
 4
 5 public class BufferedReaderTest3 {
 6     public static void main(String args[]) throws IOException {
 7         BufferedReader bufferReader = new BufferedReader(new
InputStreamReader(System.in));
 8         System.out.print("请输入任一字符串：");
 9
10         // 从输入流 bufferReader 中读取字符串并存入字符串变量 line
中
11         String line = bufferReader.readLine();
12         System.out.println("输入的字符串：" + line);
13
14         bufferReader.close();
15     }
16 }
```

例 10.7 和例 10.8 展示了 BufferedReader 对象中的两个方法：read() 与 readLine()。前者采用逐个的顺序读取字符，后者以逐行的顺序读取字符。

2.BufferedWriter类

BufferedWriter 类的价值在于使 FileWriter 类对象的写入操作能力增强。

BufferdWriter 类对象内部设有一个数组，这个数组便作为缓冲区来使用。进行写入操作之前需要检查缓冲区是否已满，如果未满则可以把内容放入，如果已满则将缓存数组写入目标文件。BufferedReader 类对象初始化的语法格式如下：

```
BufferedWriter bufferWriter = new BufferedWriter (new FileWriter
(fileName));
```

也可以分开写成如下代码：

```
FileWriter fileWriter = new FileWriter(fileName);
BufferedWriter bufferWriter = new BufferedWriter(fileWriter);
```

BufferedWriter 对象创建完成后，可以通过调用 BufferedWriter 对象的 newLine() 方法来写入一个回车符。回车符的表达方式随操作系统的不同而不同，不过我们能够借助 newLine() 方法来设置换行，这也体现出了 Java 的跨平台性。

【例 10.9】编写程序，实现使用 BufferedWriter 类对象把字符串写入文件。

具体代码如下：

```
1  import java.io.BufferedWriter;
2  import java.io.FileWriter;
3  import java.io.IOException;
4
5  public class BufferedWriterTest {
6
7      public static void main(String[] args) throws IOException {
8          BufferedWriter bufferWriter = new BufferedWriter(new FileWriter
( "E:\\file-content.txt" ));
9          // 将字符串 I am a student 写入文件中
10         bufferWriter.write( "I am a student" );
11         // 换行
12         bufferWriter.newLine();
```

```
13          // 向文件中写入内容
14          bufferWriter.write( "这是一个学生的文件 ." );
15          // 关闭流
16          bufferWriter.close();
17      }
18 }
```

借助 BufferedWriter 类的 write() 方法写字符串时，可以使用 newLine() 方法在写入的字符串后面换行，也可以把“\n”这个转义字符直接加到字符串后面，例如 bufferWriter.write(“I am a student\n”)。

10.6 转换流

我们在进行内容的输入和输出时往往需要使用字节流或字符流，不过有些时候需要将字符流和字节流进行转换，这就要用到转换流类的操作。InputStreamReader 类和 OutputStreamWriter 类便具有这种转换功能。

InputStreamReader 类为 Reader 类的子类，作用是把字节流的输入对象转为字符流的输入对象，也就是把字节输入流转换为字符输入流。OutputStreamWriter 类为 Writer 类的子类，作用是把字符输出流的对象转换为字节输出流的对象，即把字符输出流转换为字节输出流。

InputStreamReader 类的构造方法如下：

（1）InputStreamReader(InputStream in)：使用默认字符集创建一个 inputstreamreader 对象。

（2）InputStreamReader(InputStream in,Charset cs)：使用给定的字符集创建一个 inputstreamreader 对象。

（3）InputStreamReader(InputStream in, CharsetDecoder dec)：使用给

定的字符集解码创建一个 inputstreamreader 对象。

（4）InputStreamReader(InputStream in,String charsetName)：使用指定的字符集创建一个 inputstreamreader 对象。

以上构造方法在读字节时使用指定的字符集，并把所读字节解码为字符。我们在挑选字符集时，既能够用名字指定字符集，也可以使用平台默认的字符集。charsetName 参数为字符串表示的字符编码名称，如 ISO 8859-1、UTF-8、UTF-16 等；其中参数 in 是字节输入流对象；cs 参数为使用的字符集 CharSet 对象；dec 参数是用来在字节和 Unicode 字符之间转换的 charset、解码器和编码器。

OutputStreamWriter 类的构造方法如下：

```
OutputStreamWriter(OutputStream out)
```

使用默认的字符编码创建一个 OutputStreamWriter 类，语法如下：

```
OutputStreamWriter(OutputStream out, Charset cs)
```

使用给定的字符集创建一个 OutputStreamWriter 类，语法如下：

```
OutputStreamWriter(OutputStream out, CharsetEncoder enc)
```

使用给定的字符集编码创建一个 OutputStreamWriter 类，语法如下：

```
OutputStreamWriter(OutputStream out, String charsetName)
```

OutputStreamWriter 类的常用方法为 String getEncoding()，返回输出流正在使用的字符编码名称。

【例 10.10】借助字节流 System.in 从键盘读入数据，转换成字符流 BufferedReader 并输出至文本文件。

具体代码如下：

```
 1  import java.io.*;
 2
 3  public class FileOperator {
 4      public static void main(String[] args) throws IOException {
 5          BufferedReader bReader = new BufferedReader(new Input
StreamReader(System.in));
```

```
 6              BufferedWriter bWriter = new BufferedWriter(new
FileWriter( "E:\\file-content.txt" ));
 7          String line = null;
 8          while ((line = bReader.readLine()) != null) {
 9              if ( "end" .equals(line)) {
10                break;
11              }
12              bWriter.write(line + "\n" );
13              bWriter.flush();
14          }
15
16          // 关闭
17          bWriter.close();
18          bReader.close();
19      }
20  }
```

在例 10.10 中，用系统默认的字符把标准输入流 System.in 这个字节流编码包装成字符流，写入文件中。

Chapter

11

第11章
多线程

前面所编写的程序都是单线程程序，从main()方法开始依次运行代码，如果出现错误，程序就会停止。但在实际应用中，单线程程序功能有限，无法实现多用户、多任务的需求。Java语言支持多线程，可以用简单的方式实现多用户、多任务的需求。本章将详细介绍多线程程序的设计方法。通过本章的学习，读者可以掌握Java的多线程程序设计方法。

学习要点：★了解线程和进程

★掌握线程的创建方法

★掌握运行线程、挂起和唤醒线程、线程阻塞、线程死亡的方法

★掌握线程同步的方法

11.1 线程简介

现代操作系统不仅兼容并蓄，支持多任务同时进行，更进一步支持多线程操作。多任务是指在同一系统内，多个程序可以同时运行，每个程序就是一个进行中的应用程序，即进程（Procss）。而线程（Threaa），则是进程执行过程中的更微小部分，相当于进程内部的单个执行流。在 Windows 操作系统中，我们可以通过任务管理器查看当前系统的所有进程，也就是正在运行的程序。进程就像是线程的容器，在进程的执行过程中，能够形成多个相互独立的执行流，这就是我们所说的多线程。现代操作系统的多任务和多线程支持，使得程序执行更加高效，充分利用了系统资源，使用户体验得到很大提升。

11.1.1 线程的概述

每个要执行的程序都是一个进程，一个进程可以同时在多个执行单元中执行，这个执行单元称为线程，是程序执行流程的最小单位。每个操作系统进程都至少有一个线程。一旦一个 Java 程序运行时，它就会产生一个进程。一个进程会默认创建一个线程，main() 方法的代码就运行在这个线程上。本章前面的例子都是这样的，所以都是单线程程序。标准线程基本组成部分为线程 ID、寄存器、堆栈和当前指令指针。线程属于进程内的一个实体，它是被系统独立调度和分派的基本单元。线程本身不拥有任何系统资源，只拥有其操作所必需的少量资源。不过，同进程中的多个线程可以共享所拥有的所有资源。一个线程拥有创建或取消另一个线程的能力，同进程内的多个线程可以同时运行。

下面分别介绍一下线程的优缺点。

优点：所有线程可以共享内存和其他变量，这使得数据交换和信息传递更为直接和高效；简单的程序逻辑和控制方式，使得开发者能够更轻松地理解和维护代码；线程相较于进程，其资源消耗更少，这使得线程在处理大量任务或需要高并发的情况下表现出优越的性能。

缺点：一个线程的崩溃可能会对整个程序的稳定性产生影响，这是由于线程间的相互依赖性和共享资源；线程与主程序共享同一地址空间，这限制了可用的最大内存地址；线程之间的同步和锁定控制较为复杂，稍有不慎就可能导致数据不一致或其他问题。

11.1.2 进程的概述

一般的操作系统都支持进程的概念，每个运行的任务都对应一个进程。当一个程序进入内存并开始运行时，它便成为一个进程。进程是正在运行的程序，是系统管理和调度的单独单位，也是操作系统结构的基础。

进程具有以下三个显著的特点：

◆并发性：是进程的重要特点，也是操作系统的重要特点。进程的并发执行可以更有效地利用系统资源。单个处理器上可以并发执行多个进程，且这些进程之间不会相互影响。

◆独立性：进程是系统中的独立实体，拥有自己的资源，并且每个进程都有自己私有的地址空间。未经进程本身允许，一个用户进程不能直接访问其他进程的地址空间。

◆动态性：进程是程序的动态执行，从创建到终止，具有生命周期。动态性是进程最基本的特点。

特别强调的是，并行性和并发性是两个截然不同的概念。并行性指的是在同一个时间点上，多个处理器上的多条指令可以同时执行。而并发性则是指在同一时间点上只能有一条指令执行，但是多个进程的指令被快速地轮换执行，从而在整体上呈现出多个进程同时执行的效果。大部分操作系统都提供了支持多进程并发运行的功能。例如，在撰写文档的同时还可以使用播放软件播放音乐。此外，每台计算机在运行时还有大量底层的支撑程序在运行，这些进程看起来像是在同时工作。然而，对于单个处理器来说，在某一时刻只能执行一个程序。为了实现各个进程的平稳运行，就需要在这些程序之间不断地进行轮换执行。

11.2 创建线程

在理解线程的概念之后，我们现在需要探索如何在 Java 程序中实现多线程。在 Java 中，线程如同任何其他对象，也需要满足特定的条件才能成为线程。只有实现了 Runnable 接口的类的对象才能成为线程。因此，要创建线程，我们必须实现 Runnable 接口。Java 为我们提供了两种实现多线程的方式，分别为：实现 Runnable 接口、继承 java.lang 包下的 Thread 类（该类已经实现了 Runnable 接口）。

11.2.1 使用Thread类创建

下面是一个单线程程序，它是刚开始学 Java 时的 ThreadDemo.java。这会为我们接下来学习多线程打下基础。

【例 11.1】单线程程序。

具体代码如下：

```
 1 public class ThreadDemo {
 2     public static void main(String[] args) {
 3         Threader threader = new Threader();
 4         threader.run();
 5
 6         int counter = 0;
 7         while (counter++ < 15) {
 8             System.out.println("main Thread 第 " + counter + " 次
运行");
 9         }
10
11         System.out.println("main Thread 执行完了");
12     }
13 }
```

```
14
15 class Threader extends Thread {
16     @Override
17     public void run() {
18         int counter = 0;
19         while (counter++ < 10) {
20             System.out.println("Threader 类的 run() 方法第 " + counter
+ " 次运行");
21         }
22     }
23 }
```

运行结果：

```
Threader 类的 run() 方法第 1 次运行
Threader 类的 run() 方法第 2 次运行
Threader 类的 run() 方法第 3 次运行
Threader 类的 run() 方法第 4 次运行
Threader 类的 run() 方法第 5 次运行
Threader 类的 run() 方法第 6 次运行
Threader 类的 run() 方法第 7 次运行
Threader 类的 run() 方法第 8 次运行
Threader 类的 run() 方法第 9 次运行
Threader 类的 run() 方法第 10 次运行
main Thread 第 1 次运行
main Thread 第 2 次运行
main Thread 第 3 次运行
main Thread 第 4 次运行
main Thread 第 5 次运行
main Thread 第 6 次运行
main Thread 第 7 次运行
main Thread 第 8 次运行
```

```
main Thread 第 9 次运行
main Thread 第 10 次运行
main Thread 第 11 次运行
main Thread 第 12 次运行
main Thread 第 13 次运行
main Thread 第 14 次运行
main Thread 第 15 次运行
main Thread 执行完了
```

在上述代码中，当调用 Threader 对象中的 run() 方法时，碰到了一个迭代器，需要执行 10 次才会推出。只有当这个迭代器执行完后，程序才会顺利向下执行。假如我们要让“main Thread 执行完了”能够被输出执行，那么我们就要实现多线程。因为只有在多线程的程序中，我们才有可能让 CPU 在同一进程中切换时间片。所以，我们需要修改 Threader 类，让它变成一个多线程类。只有这样，我们才能确保在多线程环境中，main 线程中的 while (counter++ < 15) 才有机会执行，并且“main Thread 执行完了”能够被成功输出。

【例 11.2】多线程类。

具体代码如下：

```
 1  public class ThreadDemo {
 2      public static void main(String[] args) {
 3          Threader threader = new Threader();
 4          threader.start();
 5
 6          int counter = 0;
 7          while (counter++ < 15) {
 8              System.out.println("main Thread 第 " + counter + " 次
运行");
 9          }
10          System.out.println("main Thread 执行完了");
11      }
```

```
12 }
13
14 class Threader extends Thread {
15     @Override
16     public void run() {
17         int counter = 0;
18         while (counter++ < 10) {
19                 System.out.println( "Threader 类 的 run() 方 法 第 " +
counter + " 次运行" );
20         }
21     }
22 }
```

运行结果：

```
Threader 类的 run() 方法第 1 次运行
Threader 类的 run() 方法第 2 次运行
Threader 类的 run() 方法第 3 次运行
Threader 类的 run() 方法第 4 次运行
Threader 类的 run() 方法第 5 次运行
Threader 类的 run() 方法第 6 次运行
Threader 类的 run() 方法第 7 次运行
main Thread 第 1 次运行
main Thread 第 2 次运行
main Thread 第 3 次运行
main Thread 第 4 次运行
main Thread 第 5 次运行
main Thread 第 6 次运行
Threader 类的 run() 方法第 8 次运行
Threader 类的 run() 方法第 9 次运行
Threader 类的 run() 方法第 10 次运行
```

```
main Thread 第 7 次运行
main Thread 第 8 次运行
main Thread 第 9 次运行
main Thread 第 10 次运行
main Thread 第 11 次运行
main Thread 第 12 次运行
main Thread 第 13 次运行
main Thread 第 14 次运行
main Thread 第 15 次运行
main Thread 执行完了
```

根据程序运行的结果，我们可以洞察到两个 while 输出语句被执行到了。这是由于使用了 start() 方法催生了一个新线程，这个新线程与其父进程共享内存地址空间。当该线程获得 CPU 控制权时，系统便开始执行该线程的代码。假如分配的时间片耗尽，失去 CPU 控制权，系统则会回到主线程中，继续执行。因此，我们会看到两个循环中的输出语句都被执行到了。

Thread 类包括 8 个构造方法，其中 4 个是我们经常用到的，如表 11-1 所示。

表 11-1

方法	说明
Thread( )	没有参数的构造方法
Thread(Runnable target)	参数为实现 Runnable 接口类对象的构造函数
Thread(String name)	参数为 String 型的字符串，传递线程的名称
Thread(Runnable target,String name)	参数为实现 Runnable 接口类对象和线程名

11.2.2 使用Runnable接口创建

在例 11.2 中，我们看到了 Threader 类直接继承于 Thread 类的，从而使自己变成多线程类。然而，这种做法的局限性不能忽视，毕竟 Java 是单继承

的语言，一旦 Threader 类继承了 Threa 类后，它就不能再继承其他类了。因此，除了选择直接继承 Thread 类创建多线程对象的方法，Java 还提供了另外一种创建多线程对象的方式，那就是实现 Runnable 接口。Runnable 接口通常只有一个 run() 方法。所以，如果我们要创建一个多线程类，我们只需实现这个接口，并将一个实现了该接口的对象实例传递给构造方法，这样就能轻轻松松地创建一个多线程对象了。

【例 11.3】实现 Runnable 接口。

具体代码如下：

```
 1 public class Runnable1 {
 2     public static void main(String[] args) {
 3         Thread thread = new Thread(new Runner());
 4         thread.start();
 5
 6         int counter = 0;
 7         while (counter++ < 15) {
 8             System.out.println("main Thread 第 " + counter + " 次运
行");
 9         }
10
11         System.out.println("main Thread 执行完了");
12     }
13 }
14
15 class Runner implements Runnable {
16     @Override
17     public void run() {
18         int counter = 0;
19         while (counter++ < 10) {
20             System.out.println("Runner 类的 run() 方法第 " + counter
+ " 次运行");
21         }
```

```
22      }
23 }
```

运行结果：

```
Runner 类的 run() 方法第 1 次运行
Runner 类的 run() 方法第 2 次运行
Runner 类的 run() 方法第 3 次运行
Runner 类的 run() 方法第 4 次运行
Runner 类的 run() 方法第 5 次运行
Runner 类的 run() 方法第 6 次运行
Runner 类的 run() 方法第 7 次运行
Runner 类的 run() 方法第 8 次运行
Runner 类的 run() 方法第 9 次运行
Runner 类的 run() 方法第 10 次运行
main Thread 第 1 次运行
main Thread 第 2 次运行
main Thread 第 3 次运行
main Thread 第 4 次运行
main Thread 第 5 次运行
main Thread 第 6 次运行
main Thread 第 7 次运行
main Thread 第 8 次运行
main Thread 第 9 次运行
main Thread 第 10 次运行
main Thread 第 11 次运行
main Thread 第 12 次运行
main Thread 第 13 次运行
main Thread 第 14 次运行
main Thread 第 15 次运行
main Thread 执行完了
```

由例 11.3 我们可知，Runner 类实现了 Runnable 接口，并重写了

Runnable 接口中的 run() 方法。通过 Thread 类的构造方法 Thread(Runnable target) 把 Runner 的实例对象当作参数传入。由程序运行结果得知，两个 while 循环的输出语句均被执行，因此这个程序实现了多线程。

11.3 线程的生命周期

线程的生命周期包含四种独特的状态：开始（等待）、运行、挂起和停止。这些状态可以通过 Thread 类中的方法进行控制。在本节中，我们将详细讲解线程的生命周期知识。

11.3.1 创建并运行线程

线程在创建后并不会立即执行 run 方法中的代码，而是进入等待状态。在等待状态下，线程可以通过 Thread 类的方法设置线程的各种属性，例如线程的类型（setDaemon）和线程的优先级（setPriority）、线程名（setName）等。当调用 start() 方法后，线程开始执行 run() 方法中的代码，从而进入运行状态。这时判断线程是否处于运行状态的方法是通过 Thread 类的 isAlive() 方法。当线程处于运行状态时，isAive 返回 true；线程处于等待状态或处于停止状态时，isAlive 返回 false。

以下实例演示了线程如何创建、运行和停止。

【例 11.4】创建、运行和停止线程，并输出对应的 isAlive 返回值。

具体代码如下：

```
1 public class LifeCycle extends Thread {
2     public void run() {
3         int m = 0;
4         while ((++m) < 20) {
```

```
5                try {
6                    Thread.sleep(10l);
7                } catch (InterruptedException e) {
8                    throw new RuntimeException(e);
9                }
10           }
11       }
12
13       public static void main(String[] args) throws Exception {
14           LifeCycle thread = new LifeCycle();
15           System.out.println("isAlive: " + thread.isAlive());
16           thread.start();
17           System.out.println("isAlive: " + thread.isAlive());
18           thread.join();  // 等线程 thread 结束后再继续执行
19           System.out.println("thread 已经结束！");
20           System.out.println("isAlive: " + thread.isAlive());
21       }
22 }
```

运行结果：

```
isAlive: false
isAlive: true
thread 已经结束！
isAlive: false
```

在上述代码中使用了 join() 方法，这个方法的主要作用是保证线程的 run() 方法完成后程序才继续运行。

11.3.2 挂起和唤醒线程

只要线程开始执行 run() 方法，就会一直到 run() 方法执行完成线程，它才会终止。在线程执行当中，可以通过 suspend() 和 sleep() 两个方法让线程暂时停止执行。当你使用 suspend 挂起线程后，可以运用 resume() 方法启动线程。但若你用 sleep 让线程进入休眠状态后，只能在设定的时间后才能使线程变为就绪状态。下面的实例显示了使用 sleep()、suspend() 和 resume() 三种方法的流程。

【例 11.5】使用方法 sleep()、suspend() 和 resume()。

具体代码如下：

```
1  public class MyThread extends Thread {
2
3      @Override
4      public void run() {
5          // 如果 m 小于 10 就循环递增
6          for (int m = 0; m < 5; m++) {
7              System.out.println(getName() + "–" + m);
8
9          }
10     }
11
12     public static void main(String[] args) {
13         // 如果 i 小于 10 就循环递增 1
14         for (int i = 0; i < 5; i++) {
15             // 线程名
16             System.out.println(Thread.currentThread().getName() +
"–" + i);
17             // 如果 i 整除 2, 则通过下面的代码重新开启线程
18             if (i == 2) {
19                 new MyThread().start();
20                 new MyThread().start();
21             }
22         }
23     }
24 }
```

运行结果：

```
main–0
main–1
```

```
main-2
main-3
main-4
Thread-0-0
Thread-0-1
Thread-0-2
Thread-0-3
Thread-0-4
Thread-1-0
Thread-1-1
Thread-1-2
Thread-1-3
Thread-1-4
```

11.3.3 线程阻塞

线程在运作过程中，不可能永远处于运行状态，除非其执行体极为简洁能迅速结束。实际上，线程在执行的过程中可能需要暂停，以使其他线程有机会进行执行。线程调度细节受底层平台采取的策略影响。在计算机系统中，当发生以下五种情况，线程将出现阻塞状态：

（1）线程调用了一个阻塞式 I/O 方法，在该方法返回之前，该线程将一直被阻塞。

（2）线程主动放弃占用的处理器资源，调用了 sleep() 方法。

（3）线程试图获取一个被其他线程持有的同步监视器。

（4）程序调用了线程的 suspend() 方法将该线程挂起。此方法容易导致死锁，因此应该尽量避免使用该方法。

（5）线程在等待某个通知 (notify)。

当执行的线程出现阻塞情况后，其他线程就有机会执行了。被阻塞的线程会在恰当的时机重新进入就绪状态。值得注意的是，被阻塞的线程在阻塞解除后不会立即进入运行状态，而是要等待线程调度器再次调度它。

11.3.4 线程死亡

线程有三种方式可以结束，一旦结束，线程将进入死亡状态。其一是采用 run() 方法正常完成执行；其二是抛出未捕获的 Exception 或 Error；其三是直接调用线程的 stop() 方法来结束该线程，但这种方法可能导致死锁，因此不到万不得已最好不用。

为了检测一个线程是否已经死亡，我们可以调用线程对象中的 isAlive() 方法。当线程处于就绪、运行或阻塞状态时，该方法将返回 true；而当线程处于新建、死亡状态时，该方法将返回 false。请注意，不要尝试调用 start() 方法再次启动已经死亡的线程，因为死亡的线程将无法再次作为线程执行。

【例 11.6】演示线程的死亡。

具体代码如下：

```
1 public class DeadThread extends Thread {
2
3     @Override
4     public void run() {
5         for (int i = 0; i < 5; i++) {
6             // 当线程类继承 Thread 类时，可以直接调用 getName 方
法返回当前线程的名
7             System.out.println("thread-" + getName() + "-" + i);
8         }
9     }
10
11    public static void main(String[] args) {
12        // 创建线程对象
13        DeadThread thread = new DeadThread();
14        for (int i = 0; i < 20; i++) {
15            // 调用 Thread 的 currentThread 方法获取当前线程
16            System.out.println(Thread.currentThread().getName() +
"-" + i);
17            if (i == 10) {
```

```
18                  // 启动线程
19                  thread.start();
20                  // 判断启动后线程的 isAlive() 值，输出 true
21                  System.out.println(thread.isAlive());
22              }
23
24              // 只有当线程处于新建、死亡两种状态时，isAlive 方法
返回 false
25              // 因为 i> 20, 则该线程肯定已经启动了，所以只可能是
死亡状态了
26              if (i > 10 && !thread.isAlive()) {
27                  // 试图再次启动该线程
28                  thread.start();
29              }
30          }
31      }
32 }
```

运行结果：

```
main-0
main-1
main-2
main-3
main-4
main-5
main-6
main-7
main-8
main-9
main-10
true
main-11
```

```
main-12
main-13
main-14
main-15
main-16
main-17
main-18
main-19
thread-Thread-0-0
thread-Thread-0-1
thread-Thread-0-2
thread-Thread-0-3
thread-Thread-0-4
```

在上述代码中，当线程已经死亡时，再次调用 start() 方法来启动该线程会导致异常，这表明死亡状态的线程无法再次运行。

11.4 线程的调度和优先级

当程序中有多个线程处于运行状态时，就需要用到线程调度程序，并根据线程的优先级来分配 CPU 的服务时间。下面将详细介绍线程的调度和优先级。

11.4.1 线程的调度

在程序的繁杂线路中，众多线程是同时进行执行的，但是某个线程若想真正运行，就必须获得 CPU 使用权。Java 虚拟机依照特定的规则为每个线程分配 CPU 使用权，此规则被称为线程调度。在计算机的世界里，线程调度分为分时调度模型和抢占式调度模型。分时调度模型就像我们轮流使用一个物品，每个线程轮流获得 CPU 的使用权。而抢占式调度模式则更像是优先级比赛，可运行池中优先级高的线程优先占用 CPU，而对于优先级相同的线程，随机选择一个线程使其占用 CPU，一旦失去 CPU 的使用权后，再由随机选择的线程获取 CPU 的使用权。Java 虚拟机默认采用抢占式调度模型，所有 Java 虚拟机都确保了在不同优先级之间的抢占式线程调度的使用。当高优先级的线程准备运行时，如果低优先级的线程正在运行，Java 虚拟机会适时（可能是立即）暂停低优先级的线程，让高优先级的线程运行。此时，高优先级线程就成功地抢占（preempt）了低优先级别线程的 CPU 运行权。

11.4.2 线程的优先级

Java 的线程的优先级可以用 1 到 10 的整数表示，其中 10 是最高优先级，1 是最低优先级。在多线程环境下，Java 虚拟机通常会优先运行优先级最高的线程，但这并不是绝对的规则。一般情况下，创建的线程默认优先级为 5，除非特意设置，否则都会使用这个默认值。

Java 的 1、5、10 三个优先级由三个命名常量表示，如表 11-2 所示。

表 11-2

常量	说明
static int MIN_PRIORITY	最低优先级，值为 1
static int NORM_PRIORITY	默认优先级，值为 5
static int MAX_PRIORITY	最高优先级，值为 10

在程序的运行过程中，各个处于就绪状态的线程都有其独特的优先级，而没有通过 setPriority() 方法设定优先级的线程，其默认的优先级都是 5。我们可以通过 getPriority() 方法来获取线程当前的优先级。

【例 11.7】线程优先级。

具体代码如下：

```
1 public class ThreadPriorityDemo {
2
3     public static void main(String[] args) {
4         Thread minPriority = new Thread(new MyRunnable(), " 较低
优先级的线程 ");
```

```
 5          Thread maxPriority = new Thread(new MyRunnable(), " 较
高优先级的线程 ");
 6
 7          // 设置线程的优先级为 MIN_PRIORITY = 1
 8          minPriority.setPriority(Thread.MIN_PRIORITY);
 9          // 设置线程的优先级为 MAX_PRIORITY = 10
10          maxPriority.setPriority(Thread.MAX_PRIORITY);
11
12          // 开启线程
13          minPriority.start();
14          maxPriority.start();
15      }
16  }
17
18  class MyRunnable implements Runnable {
19      @Override
20      public void run() {
21          for (int i = 0; i < 3; i++) {
22            System.out.println(Thread.currentThread().getName() +
" 正在输出 " + i);
23          }
24      }
25  }
```

运行结果:

```
较低优先级的线程 正在输出 0
较高优先级的线程 正在输出 0
较高优先级的线程 正在输出 1
较高优先级的线程 正在输出 2
较低优先级的线程 正在输出 1
较低优先级的线程 正在输出 2
```

在上述代码中，虽然我们提供了 10 个优先级等级，但这些等级的体现与操作系统的调度有很大关系，同时也受当时执行环境的影响。在设计多线

程应用程序时，我们不应依赖线程优先级来控制线程的执行顺序，而应将线程优先级看作提高程序效率的一种方法。

11.5 线程同步

对于多线程操作的安全问题，Java 提供了对应的解决方案，即同步机制。这种机制的内容是，数据无法同时被两个或两个以上的线程访问，如果数据已经被一个线程访问，则其他线程无法同时对该数据进行访问，直到之前的线程访问结束。同步最常见的方式就是使用锁（Lock），也称为线程锁。锁为非强制机制，当一个线程想要访问数据或资源时，需要先尝试获取（Acquire）锁，完成访问后则需要释放（Release）锁。如果获取锁时锁已被占用，线程则会进入等待状态，直到锁被释放再次变为可用。本节介绍两种同步方式。

11.5.1 同步方法

同步方法的内容是在方法前加 synchronized 关键字来修饰某个方法。每一个用 synchronized 关键字声明的方法都是临界区。

用此关键字修饰方法时，内置锁会保护整个方法，其原因在于 Java 的每个对象都有一个互斥锁。如果没有获取互斥锁，则调用该方法时会处于阻塞状态，此状态会持续到获得互斥锁为止。当同步方法执行结束后互斥锁会被释放，此时其他等待中的线程方可竞争。

使用 synchronized 关键字的语法格式如下：

```
public synchronized 返回值数据类型 方法名(参数 1, 参数 2,…, 参数 n){
    // 方法体语句
}
```

【例 11.8】用同步方法实现 3 个售票窗口发售某次列车的 10 张火车票。

具体代码如下：

```
1  public class TicketWindowThread implements Runnable {
```

```
2       // 火车票总数
3       private static int totalTicketCount = 12;
4
5       @Override
6       public synchronized void run() {  // 在 run() 方法前加上 synchronized
关键字，run() 方法体的内容成临界区，同一个时刻只能被一个线程访问
7           while (true) {
8               if (totalTicketCount > 0) {
9                   System.out.println(Thread.currentThread().getName()
+ "售出第" + (10 – totalTicketCount + 1) + "张票。还剩" +
(totalTicketCount – 1) + "张");
10                  totalTicketCount––;
11                  Thread.yield();
12              } else {
13                  break;
14              }
15          }
16      }
17  }
18
19  class TicketWindowDemo {   // 主类
20      public static void main(String[] args) {  // 主方法
21          TicketWindowThread window = new TicketWindowThread();
22          Thread t1 = new Thread(window, "第一个售票窗口");
23          Thread t2 = new Thread(window, "第二个售票窗口");
24          Thread t3 = new Thread(window, "第三个售票窗口");
25          t1.start();
26          t2.start();
27          t3.start();
```

```
28     }
29 }
```

运行结果：

```
第一个售票窗口售出第 1 张票。还剩 11 张
第一个售票窗口售出第 2 张票。还剩 10 张
第一个售票窗口售出第 3 张票。还剩 9 张
第一个售票窗口售出第 4 张票。还剩 8 张
第一个售票窗口售出第 5 张票。还剩 7 张
第一个售票窗口售出第 6 张票。还剩 6 张
第一个售票窗口售出第 7 张票。还剩 5 张
第一个售票窗口售出第 8 张票。还剩 4 张
第一个售票窗口售出第 9 张票。还剩 3 张
第一个售票窗口售出第 10 张票。还剩 2 张
第一个售票窗口售出第 11 张票。还剩 1 张
第一个售票窗口售出第 12 张票。还剩 0 张
```

上面程序中通过增加 synchronized 关键字将 run() 方法变成了同步方法，从而锁定了 run() 方法体，不能有两个或两个以上的线程同时访问，每张票只卖出了一次。不过结果和我们预想的有所差别，由于每次都只有获得互斥锁的窗口在售卖，所以这段程序无异于单线程在运行。为什么没实现每个窗口都能售票呢？让我们来分析一下。以上程序是在 run() 方法中加 synchronizd 关键字，run() 方法的内容就是实现售票，直至票全部售出。我们应该可以发现，不应该在 run() 方法上加 synchronized 关键字，而应该在售票的过程加该关键字（即 totalTicketCount），这样，售票结束后就会释放锁。不过要实现该功能，需要借助同步代码块。

不过 synchronized 关键字并非只能加在 run() 方法上，其他普通方法也可以。

11.5.2 同步代码块

同步代码块是由 synchronized 关键字修饰的语句块。这类语句块被该关

键字修饰后会自动加上互斥锁，从而具有同步的特点。其语法格式如下：

```
synchronized(object){
    // 同步代码块语句
}
```

需要注意的是，同步的特点是高开销，因而我们应使同步的内容尽量精简。一般而言，无须将整个方法同步，借助 synchronized 代码块将关键代码同步就可以。

【例 11.9】修改【例 11.8】用同步代码块实现 3 个售票窗口发售某次列车的 10 张火车票。

具体代码如下：

```
 1  public class TicketWindowThread extends Thread {
 2
 3      // 火车票总数
 4      private static int totalTicketCount = 12;
 5
 6      @Override
 7      public void run() {
 8          while (true) {
 9              if (totalTicketCount > 0) {
10                  // 加锁，synchronized 关键字修饰同步代码块，某时
刻只能被一个线程访问
11                  synchronized (this) {
12                      System.out.println(Thread.currentThread().
getName() + "售出第" + (12 – totalTicketCount + 1) + "张票。还剩"
+ (totalTicketCount – 1) + "张");
13                      totalTicketCount--;
14                  }
15              } else {
16                  break;
17              }
18          }
19      }
```

```
20 }
21
22 class TicketWindowDemo {    // 主类
23     public static void main(String[] args) {   // 主方法
24             TicketWindowThread window = new TicketWindowThread();
25             Thread t1 = new Thread(window, "第一个售票窗口");
26             Thread t2 = new Thread(window, "第二个售票窗口");
27             Thread t3 = new Thread(window, "第三个售票窗口");
28             t1.start();
29             t2.start();
30             t3.start();
31         }
32 }
```

运行结果：

```
第一个售票窗口售出第 1 张票。还剩 11 张
第一个售票窗口售出第 2 张票。还剩 10 张
第一个售票窗口售出第 3 张票。还剩 9 张
第一个售票窗口售出第 4 张票。还剩 8 张
第一个售票窗口售出第 5 张票。还剩 7 张
第一个售票窗口售出第 6 张票。还剩 6 张
第一个售票窗口售出第 7 张票。还剩 5 张
第一个售票窗口售出第 8 张票。还剩 4 张
第一个售票窗口售出第 9 张票。还剩 3 张
第一个售票窗口售出第 10 张票。还剩 2 张
第一个售票窗口售出第 11 张票。还剩 1 张
第二个售票窗口售出第 12 张票。还剩 0 张
第一个售票窗口售出第 13 张票。还剩 -1 张
```

当一个线程发出请求后，会先检查 totalTicketCount 是否大于 0，若不是则直接返回，这样一来就节省了因进入 synchronized 块而耗费的资源。不过从结果而言仍然是错误的。下面以 A、B 两个线程为例，分析问题迟迟无法解决的原因。

（1）A、B 线程同时进入了第一个 if 判断，totalTicketCount 大于 0。

（2）A、B 同时进入 synchronized 块，若 A 先获得互斥锁，则 A 执行售票并输出售票结果。

System.out.printin(Thread.currentThread().getName() + “售出第” + (12−totalTicketCount + 1) +”张票。还剩”+(totalTicketCount−1) +”张”和 totalTicketCount−−；执行完后 A 离开了 synchronized 块，将互斥锁释放。B 获得互斥锁，也执行售票并输出售票结果。

优化上述代码，如下：

```
 1 public class TicketWindowThread extends Thread {
 2     // 火车票总数
 3     private static int totalTicketCount = 12;
 4
 5     @Override
 6     public void run() {
 7         while (true) {
 8             // 第一次检查
 9             if (totalTicketCount > 0) {
10              // 加锁，synchronized 关键字修饰同步代码块，某时刻
只能被一个线程访问
11              synchronized (this) {
12                  // 第二次检查
13                  if (totalTicketCount > 0) {
14                    System.out.println(Thread.currentThread().getName()
+ “售出第” + (12 − totalTicketCount + 1) + “张票。还剩” +
(totalTicketCount − 1) + “张”);
15                    // 模拟售票
16                    totalTicketCount−−;
17                  }
18              }
19             } else {
20              break;
21             }
```

```
22          }
23      }
24 }
25
26 class TicketWindowDemo {    // 主类
27      public static void main(String[] args) {   // 主方法
28           TicketWindowThread window = new TicketWindowThread();
29           Thread t1 = new Thread(window, “第一个售票窗口”);
30           Thread t2 = new Thread(window, “第二个售票窗口”);
31           Thread t3 = new Thread(window, “第三个售票窗口”);
32           t1.start();
33           t2.start();
34           t3.start();
35      }
36 }
```

运行结果：

```
第一个售票窗口售出第 1 张票。还剩 11 张
第一个售票窗口售出第 2 张票。还剩 10 张
第一个售票窗口售出第 3 张票。还剩 9 张
第一个售票窗口售出第 4 张票。还剩 8 张
第二个售票窗口售出第 5 张票。还剩 7 张
第二个售票窗口售出第 6 张票。还剩 6 张
第二个售票窗口售出第 7 张票。还剩 5 张
第二个售票窗口售出第 8 张票。还剩 4 张
第二个售票窗口售出第 9 张票。还剩 3 张
第二个售票窗口售出第 10 张票。还剩 2 张
第二个售票窗口售出第 11 张票。还剩 1 张
第二个售票窗口售出第 12 张票。还剩 0 张
```

双重检查锁（double checking locking）是指，在加锁（synchronized）之前，首先进行一轮检查，加锁之后再进行一次检查。双重检查锁的作用是，当多个线程同时通过了第一次检查时，能保证第二次检查时只有其中一个线程通过，使其后进入第二次检查的线程均产生互斥。这样一来，如果火车票已经售空，便无法继续售票。